U0169078

最本真的最美味

素は美味しさなり

THE ORIGINAL FLAVOR IS THE BEST

芥川龙之介
北大路鲁山人
柳田国男 等 著
钟小源 译

CNS PUBLISHING & MEDIA
湖南文艺出版社
HUNAN LITERATURE AND ART PUBLISHING HOUSE

平安时代（794—1185）

●『煮』和『烤』成为最主要的烹饪方式。

●贵族势力兴盛，社交活动频繁。贵族与平民的食品质量悬殊。

镰仓时代（1185—1333）

●贵族势力逐渐衰落，武士阶层兴起。

●武士经营庄园，促进了农耕的发展，物产变得丰富，人们由吃粗米转为吃半精米。

●禅宗受到武士的支持，『精进料理』（斋菜）传入日本。

●豆腐传入日本。

●开始种植茶叶。

室町时代（1336—1573）

●怀石料理作为茶文化的产物，成为后来日本菜的主流。

●中国人围绕八仙桌吃饭的形式传入日本，日本民族称其为『桌袱菜』。

●在长崎的中国人和南蛮人（欧洲人）将天妇罗*的原型带入日本。

●由每日两餐变为每日三餐。

江户时代（1603—1867）

●日本料理去粗取精的集大成时代。

●人民生活富裕，供神、祭祀活动变得普遍，出现不少祭祀用食品。

●1657年以后，出现了商业性质的小饭馆。

●逐渐形成了本膳、桌袱、会席、怀石四大料理，加上富有历史渊源、新近又很风行的精进料理，五大料理成为现今日本的基础料理，存在于当今日本人的日常生活中。

* 天妇罗：以鱼和蔬菜味为原料的油炸类菜品。

柴田是真绘，盒子里的鱼

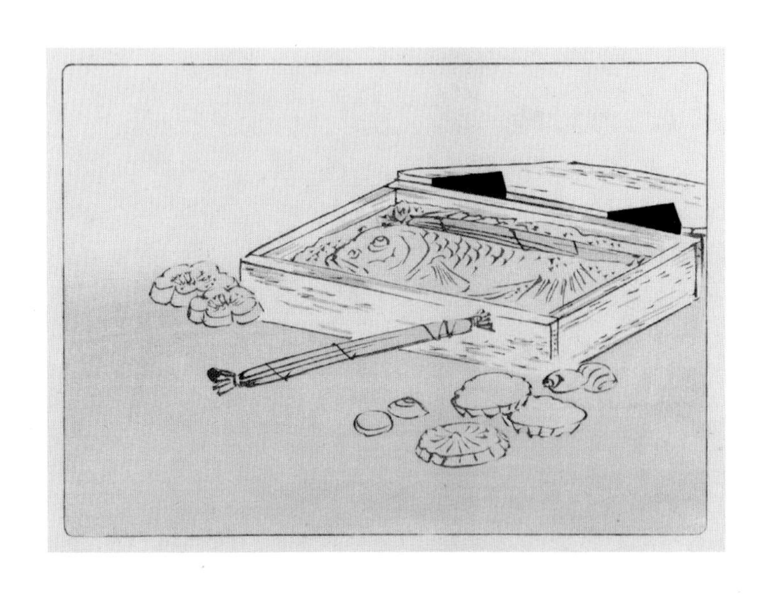

歌川广重绘，寿司

日本料理发展史

绳纹时代（前12000—前300）

●随着文明的发展，由靠采集野生的植物性食物，逐渐过渡到靠狩猎及渔捞为主的动物性食物。

●形成了以火烤、水煮并添加佐料调味的烹调方式。

弥生时代（前300—250）

●进入农耕文明，人们逐渐从游牧转向定居，水稻种植等农业活动盛极一时。

●因种植及畜牧业的出现，大米谷物有了剩余，人们学会了酿酒。

古坟时代（250—592）

●农业器具得到了极大改良，U形锄、曲刃镰及代替耕作的牛马出现。

●近畿地区开始进行大规模的水田开发。

飞鸟时代（592—710）

●圣德太子派遣隋使前往中国，筷子文化传入日本。

●主食副食的构成固定下来，以米、麦、小米等农作物做……主食，以蔬菜、海藻及鱼贝类海鲜作为副食。

奈良时代（710—794）

●日本上层开始频繁与中国往来，中国的饮食文化及宴席制度传入日本。

●受佛教的影响，日本开始禁吃肉食，做菜少油，生活非常简朴（天武天皇675年颁布了牛、马、狗、猴子、鸡的杀生禁令）。

●食品种类增加，干果、酱菜、油炸点心、木点心（水果）等被摆在餐盘上。

●烹调方式丰富，煮菜、拌菜、炒菜、羹汤等成为人们桌上料理。

●人们举办祭祀活动，杂煮和屠苏酒等节日食品问世。

●油、盐、酱、醋、酒等调味料也开始生产制造，主要供天皇和大型仪式使用。

1590年，摄津国佃村的三十余名渔夫来到江户佃岛开市，江户幕府信任佃岛的渔民，给予他们在江户近海优先捕鱼的特权，并予以保护。出于一种回报，渔民们把捕获到的新鲜的鱼进献给城中的将军及贵族等。除了进献以外的剩余的鱼被批准在日本桥附近的本小田原町贩售。从此鱼市上就诞生了鱼货批发业——“鱼类批发市场”开始得到发展。日本桥鱼市持续了三百四十余年，由于关东大地震，1933年，鱼市由日本桥转移到了筑地，在筑地经历了八十三年的历史后，又由筑地转移到了丰洲。

《日本桥鱼市繁荣图[1]》，歌川国安绘

[1] 歌川国安《日本桥鱼市繁荣图》、溪斋英泉《木曾街道续之壹：日本桥雪之曙》、歌川广重《东都名胜：日本桥真景并二鱼市全图》《东都名胜：日本桥鱼市》都是描绘日本桥鱼市的绘画名作。

《富岳三十六景：江户日本桥》，葛饰北斋绘，日本桥下的米商。

《富岳三十六景：隐田水车》，葛饰北斋绘，利用水车流水淘米的农人。

歌川广重绘，人们在雨天时插秧

吉田博绘，根津的蔬菜水果商

八百善是江户时代建立的会席料理店，江户时代最成功的日式餐厅之一。

《江户高名会亭尽：山谷八百善》，歌川广重绘

《名所江户百景：比丘尼桥[1]雪中》，安藤广重绘

[1] 比丘尼桥：京桥川架设在通往外堀河口的桥，如今位于银座一丁目附近。

这幅画的右侧是护城河，可以清楚地看到石墙；在桥的对面可以看到数寄屋町的火警瞭望台；右边帘子底下的是烤白薯店；画面的正中央，担着货担来到比丘尼桥贩卖的商人可能是卖烫酒和关东煮的，也有可能是卖现吃小菜的。

星期天的早饭

与谢也晶子

星期天 让我们一起吃早饭吧
(一家八口洗好了脸)
我们先围坐在两张小圆桌前
再戴上刚洗好的洁白餐巾
唯独小婴儿奥古斯特老老实实地坐在
妈妈膝边

早上好
早上好
奥古斯特也得先打招呼哦 说早上好
在一如既往的二斤法兰西面包上
今天还多加了黄油和果酱
另外还有半升牛奶
平时吃不到的豌豆饭
参州的花蛤味噌汤、斑豆
以及刚做好的芜菁泡菜
大家喜欢吃啥就吃啥

慢慢吃
多多吃
早饭要吃得丰盛
午饭要吃得饱满
晚饭要吃得随意
但这是别人家的规定
在我们家
每一餐
爸爸妈妈都是为了工作而吃
而孩子们则为了能够尽情玩耍
为了尽情歌舞和成长
为了能以最佳的状态去学校读书、学习知识而吃

慢慢吃
多多吃
虽然平日里工作繁忙
但至少在星期天的早上
爸爸 妈妈也和世人一样
慢慢地和家人一起吃饭吧
喝完早茶 打起精神
大家一起 去上学
星期天 让我们一起吃早饭吧

目录

第一辑※食之理 001

学习不能只满足于表面知识，还要积极地付诸实践。只有通过实践不断加深研究，我们才能深化自己对料理的认识。

第二辑※食之味 073

接下来我们应该如何形容鳟鱼肉入口即化的柔软味觉呢？美味？鲜味？不，这鲜香浓郁的味道早已超越了美味的范畴，我们应该称之为令人走火入魔的『魔味』。

04

第三辑※食之趣 137

无论经历了多少岁月，人的童心都不会泯灭，人的味蕾总会追求童年的味道。

05

第四辑※食之忆

纵观人的一生，痛苦的时间也总是比快乐的时间更长，所以喝酒和生活其实是一个道理。

第一辑※食之理

己对料理的认识。

学习不能只满足于表面知识，还要积极地付诸实践。只有通过实践不断加深研究，我们才能深化自

日本料理的基础观念——北大路鲁山人

不管料理是什么味道，
它都必须符合对方的口味，
必须符合事物的道理。

在旅行时，我们总不可避免地要品尝一些火车便当（盒饭）或日式旅馆的食物，但它们的味道实在差得令人难以入口，完全没有日本料理的样子。如果是西洋料理，我倒还能吃一些，因为西洋料理的做法简便而单纯，只要记住了大概，无论是谁都能做出像样的料理。但日本料理就没这么简单了，就算我们聘请厨师，从早到晚都监督他做料理，他也未必能使我们满意。不过，一道好的日本料理，会很适合日本人的口味，能够完全使我们的味蕾得到满足，但我们很难遇见这样的料理。

无论我私底下如何喋喋不休地抱怨，厨师们都毫不在意，所以我想借此机会好好地向厨师们传达我的想法。

经常有人问我几岁的小孩适合吃哪些食物，应该给他做怎样的料理等等。这些都是极为平常的料理话题，所以我不会再作赘述。我要谈的是食材细微的好坏，比如“这个萝卜和那个萝卜区别怎样？”“这种水和那种水，这个东西和那个东西孰好孰坏？”等等。如果是海苔，我们就比较一下什么样的海苔更好。就算是一流餐厅的生鱼片，不同厨师所用的酱油也是千差万别的，我的目的就在于教会大家如何辨别其中的差异。也许我这样说显得有些冒昧，但我想站在所谓美食家的立场上谈一谈最高级品位的食物，希望各位做好心理准备。

料理，料的是食之理

料理，从字面上看，料，是处理；理，则是食物的道理，所以料理说的就是处理食物的道理，我相信其中有很深的含义。因此，料理必须是理性的，必须要符合事物的道理。割烹（日式烹饪法）指的是将食材先切后煮，我们很难说它就是处理食物的道理。料理必须是完全合理的，不能存在丝毫勉强。

临阵磨枪做不出好的料理，只有发自内心地喜欢，并拥有一个味觉灵敏的舌头，才是能做出真正美味料理的秘诀。

料理需要考虑对方的感受

不能强迫别人接受自己的料理风格。我们应该像医生给病人诊断开药一样，仔细考虑对方的情况，绞尽脑汁，选择适合对方的料理。就像医生对患者的病情了如指掌一样，我们也需要明白对方的口味，无论男女老少，都应满足其需求。不仅如此，我们还需要考虑对方是否饥饿，之前吃了些什么，食物的分量和质量如何，平常的生活习惯，现在的身体状况等等。我想这十分考验厨师的能力。

就像甜有甜的美味，辣也有辣的美味一样，不管料理是什么味道，它都必须符合对方的口味，必须符合事物的道理。而且，料理的美味不能仅仅体现在舌尖上，在样式上也要令人耳目一新，色彩的运用也要与众不同，也就是说料理必须使人在整体感官上都得到满足，所以名医和名厨都不是那么好当的。

原料第一——选材

如果是鸟类食材，最好选用那些尚未长成的中等大小的鸟，只有这类鸟才是真正值得品尝的。而鲷鱼则当属重约1.5至1.9公斤的最为鲜美，当鲷鱼的重量超过3.7公斤之后，吃起来便毫无风味。不过，即使少了风味，拿大只鲷鱼去做清蒸鱼头似乎也气派十足，但说实话，味道并不怎样。虽然个头大的鱼体形和色泽看起来很有派头，味道却不值一提。那么是不是说只要是小个的味道就一定好，以后就只选体积小的食材呢？这也是不行的，什么事情都不可能如此单纯，因此，我们就必须尽可能多地去了解，然后做出适宜的选择。

料理原本就非常看重选材，如果食材不好，即使厨师的技术再高超也无能为力。拿芋头打比方的话，如果芋头本身就是硬邦邦的，那不管厨师用哪种方法来煮，都处理不了这样的食材。再比方说鱼，如果没有脂肪，无论你怎么煮、怎么烤，无论你是涂黄油还是抹海胆酱，它都不会好吃。这就是精选食材的重要性。要区分这些食材并不容易，但只要认真训练，通过直觉也能进行分辨。如果你明知食材不好还要硬着头皮上，最后也一定做不出像样的料理。

切勿扼杀食材的原味

料理的秘诀在于保持食材的原味。做黄瓜就要保持黄瓜的原味，做蚕豆则要保持蚕豆的原味，对于任何食材，我们都必须设法保持它与生俱来的味道。就连一个小芋头，人类也无法再现它本身的味道。比如做烫豆腐时，我们也必须精挑细选，选取最好的豆腐，而不是总念叨什么“要加酱油！”“要加佐料！”当然了，我们对佐料的选择也必须十分上心，但它终究是第二位的，比起佐料，对豆腐的拣选才是重中之重。除了精心选料，我们还必须保持食材的原汁原味，因为它是无法通过科学或其他人为手段再现的，所以我们必须要以食材的原味为贵。

海带、鲣鱼干——选材方法、鲣鱼干片的削法以及高汤的制取方法

料理时需要用到高汤。我们一般选取鲣鱼干来熬汤，虽然东京人在制作高汤时似乎不怎么用海带，但我认为制作高汤时还是需要这二者的。接下来我将向大家讲解应该如何挑选好的海带与鲣鱼干，还要学会如何将它们分开使用。

我们该如何削鲣鱼干，在选材上又该注意些什么呢？当我们用两块鲣鱼干对着敲时，它们必须叮当作响，就像在敲梆子一样。如果鲣鱼干像遭虫蛀了的木头一样发出滴答滴答的响声，或是有潮湿味，说明它作为食材是不合格的。

话说回来，各位家中有没有削鱼片所需的木刨呢？如果木刨不够锋利，削出来的鲣鱼片就算不上完美。假设一块鲣鱼干是一元钱，如果你用刀刃不利或生了红锈的木刨来削，那么削出来的东西可能连五毛钱都不值。要想熬出好高汤，削出来的鲣鱼片必须薄如白纸，还要如同玻璃一般具有光泽。如果鲣鱼干削不好，那么熬出来的高汤就是死的，因此要想获得鲜活的上好高汤，就必须拥有一个上等且锋利的木刨。熬汤时，当我们往滚得哗啦哗啦响的汤水中加入鲣鱼片的一刹那，高汤就已经完成了，而如果我们一直将它放在热汤里煮到稀烂，不仅得不到好汤汁，反而只会损害汤汁的味道，有人可能会觉得煮得久，可以达

到二次萃取的效果，获得更浓厚的汤汁，但在熬高汤时，这个做法是行不通的。在此我还要向大家推荐刨削面平整、刨刃锐利的刨子，因为想要提升口感，将鲣鱼干削薄是十分经济有效的。如果用不平整的刨子硬削，则会完全扼杀鲣鱼干的风味，这就等于把100块变成50块，是非常不合理的做法。

在东京，似乎连饭店的厨师都不了解海带高汤。这大概是因为东京人没有使用海带的习惯吧。其实，海带高汤的味道也相当不错，在做鱼类料理时，它也是必不可少的。如果用上鲣鱼片熬成的高汤，就会让两种鱼的味道重叠在一起，反而做不出令人满意的料理。自古以来，京都就有以海带制作高汤的方法。众所周知，京都是千年古都，所以京都大山中的厨师们才能接触产自千里外的北海道海带，并出于实际需求，研究出以海带制作高汤的料理法。

要想制取海带高汤，需要先将海带浸湿3至5分钟，当海带表面被水泡胀时，再稍微拧开水龙头，用指尖顺着慢慢流出的自来水小心谨慎地拂去海带表面的沙子和其他脏东西。然后将洗好的海带放入烧开的热水中迅速地涮一遍，此时海带高汤就算做好了。没错，只要涮一遍就足够了，如果你还不确定，不妨舀一勺高汤尝尝味道。制好高汤之后，接下来只需要实际练习几次就能拿捏具体用量了。在做鲷鱼汤时，也必须以上述方法制取海带高汤，如果你因为觉得只涮一遍就收起海带太可惜，而将它放在热汤中不断熬煮，这样反而会引出海带内里的甜味，破坏高汤的味道。京都地区的人们在制作海带高汤时，通常从锅的一边放入海带并使其沉入锅底，然后从锅的另一边将海带夹出，这种方法被当地人叫作“速取海带”，不管是什么样的美食家，碰到这样的高汤都会心满意足，没有半点怨言。

切勿往料理中加入“味之素”味精

虽然近几年大家都在宣传“味之素”味精的好，但我并不喜欢它的味道。如果厨师有了它，就会出于懒惰而过度地使用味精，最终给其料理带来不好的影响，所以我们绝不会让“味之素”出现在厨房。虽然从用法上看，“味之素”可能适用于家常菜，但并不适用于上等料理。总而言之，如果你要做高级一点的料理，就尽量别往里加“味之素”为好。就我个人经验来讲，“味之素”的风味总是不及高级料理，而且我也不喜欢它的味道太过固定，不管是在做海带还是鲣鱼片高汤的时候，根据自己的喜好来进行调味才是最好的。

应当尽可能入手新鲜蔬菜

蔬菜很受老年人喜欢，同时，它对人体健康也十分有益。现在我在镰仓烧陶，自己也拥有一片很小的农田，所以在吃蔬菜时，我都要吃刚采摘下来的新鲜蔬菜，这些刚采摘下来的蔬菜十分美味，让人觉得它和其他蔬菜有着质的差别。而放置一段时间后，这些蔬菜的口味就和我们平时买的蔬菜没什么区别了。我在镰仓招待客人时，只有到了上菜前30或40分钟前，才会让人从田里把菜摘出来，这在东京是绝对无法做到的。

在做芋头时，只要你按照先挖再洗最后煮的步骤来做，哪怕芋头的品质不好，也能做出较能入口的芋头料理。如果芋头的品质好，那么你就能做出一道无上的美味佳肴。现在正是松茸收获的时节，如果你想吃松茸，就应当趁着这个时机前往山里采摘，并且在摘取松茸之后当场吃掉，因为这个时候的松茸才是最好吃的。虽然每天都有不少松茸被从京都送往东京，但在运送过程中它们就会在箱子里继续生长，等送达之后已经比原来大了不少。由于它们在箱子里生长的时候是没有摄取营养的，所以肯定要比原先瘦不少，而且味道也会发生变化。竹笋也一样，在被装进运货箱时还是五寸的竹笋，等抵达了目的地之后有时候会长到六寸。看起来这些蔬菜还在成长，但实际上它们的味道却在慢慢走向死亡。所以要想做出美食，就必须要有真正新鲜的蔬菜，如果蔬菜不是真正新鲜，我们就无法摄取真正的美味。

我们在分辨鱼的死活时，只要看看鱼会不会动就可以了，非常简单，但要分辨蔬菜的死活（新鲜与否）则十分困难。所以刚采摘下来的蔬菜才是最好的，被摘下之后经过的时间越短，这个蔬菜的口味就越好。虽然大一点的鲷鱼反倒是放置一到两天之后口味会更好，但蔬菜不一样，就算是在被采摘下来之后，它们也会在一段时间内不自然地成长，所以我们在处理蔬菜时必须多下功夫。比如在摘葱时，就应该摘除青色的茎部，只保留白色的根部，不然茎部就会夺取根部的养分继续生长。处理萝卜也是一样，如果不摘掉萝卜叶，它们就会抢走萝卜的养分自行生长，所以我们最好把萝卜叶摘下来然后立刻把它们放到米糠酱里。

在处理蔬菜时，我们必须要学会上述的小技巧，但是要记住，现摘现用的蔬菜才是最美味的。

要知道，大鱼需要放置一段时间才好吃，而小鱼则是越新鲜越好

一些体形较大的鱼类和鸟类的肉，需要放置很长一段时间，才会形成良好的口感。不过，如斑鸫、鹌鹑、麻雀等体形较小的鸟和沙丁鱼、竹筴鱼等体形小的鱼，除非是刚捕捉到的，否则味道并不好。

如果是体形较大的鱼或鸟，则要在入手后放置3至5天，口感才会更好。

好餐具与坏餐具

那么，我们就来说一说餐具吧。当你费尽心思做好了一道菜，如果盛菜的容器是不好的，那么不管这道菜原本有多美味，你都无法从中获得任何快感。我认为餐具分两种，一种是好餐具，当你把料理盛进去时，能从中感受到生气。另一种是坏餐具，它会把料理的所有优点都给扼杀掉。比方说一个风雅的人就可能为了怀石料理中主菜的配菜去准备一个价值5000日元的餐具，因为这样的餐具才是好餐具。如果用的餐具不好，连料理的品质都会受到影响，所以我们应尽量让食物和餐具相互搭配、相互协调。

餐具的选择不仅仅是一种挑剔，更是对餐具本身的喜爱和享受。当我们小心翼翼地对餐具注入爱意时，我们才能和料理形成一种不可分割的联系。如果餐具能给我们带来快乐，那料理必然也能给我们带来快乐。这就像自行车的两个轮子一样，如果后轮动了，前轮也会跟着动，反之亦然。

说到底，最好的料理法是“源于热爱”

实际上，我们在制作料理时，必须注入我们对料理的热爱，我们不仅要懂得如何做好一道料理，更要享受做料理的过程。因此，通过对餐具的选择，我们就能提升自己的艺术品位，从而追求更高层次的料理。我相信在参观日本美术展览会时，各位的心情一定非常愉悦吧。这是因为展会满足了你对美术的追求。如果你还要继续追求更高层次的美术，那应该就要去博物馆了吧。这样一来你对餐具的审美能力也会有所提高，并且能够学会如何对食物的美感进行表达。也就是说，你会更注重许多细节，比如食材的切法、盛放方式和色泽等等。归根结底，我们在做料理时最重要的是对料理的热爱。如果你只是因为丈夫成日念叨才试着了解料理，那么你终究是做不出像样的料理的。所以我希望各位在做料理时，能够发自内心喜欢料理，享受制作料理的过程。

最后，我想谈一谈酱油。我们用浓口酱油做出来的料理似乎总是不尽如人意。还有一种酱油叫作薄口酱油，产自兵库县龙野市，自古以来，关西地区的人们都使用这种酱油。虽然在早些年它还并未被传入东京，但最近我们已经可以在山城屋里买到它了。说实话，如果不用薄口酱油，那么是真的做不出好吃的料理。薄口酱油的颜色很淡，不会破坏料理原有的色泽，而且它含盐量高，更有味道，还十分便宜，经济实惠，它真可谓是我们制作料理时不可或缺的重要伙伴啊。

虽然我还想谈一谈菜刀，不过由于时间紧迫，在此我只提一点，那就是“一定要选一把锋利的菜刀”。如果菜刀锋利了，那么切菜的过程也会变得有趣，你就自然而然地会对料理产生更大的兴趣了。

个性——北大路鲁山人

不了解自身优点就盲目羡慕别人也是不可取的。

每个人都有他的优点，

而且这个优点对他本人而言一定具有极为重要的意义。

那是一个阳光明媚的下午。——虽然我以这个方式起头，但请大家不要误会，我并没有凭这篇文章去拿芥川奖的打算。这段时间类似芥川奖或其他某某奖的消息实在是太多了，就像最近某某总经理、某某常务董事也越来越多了一样。我在路上碰到熟人的时候，不知对方是不是出于怀念，总是要将自己的名片递给我，哪怕是从年轻人那里收来的名片，上面所写的职务也基本是“总经理”或是“常务董事”。要是看到这样的名片，你可千万别轻易相信了，这世上只管一台电话和一副桌椅的总经理可太多了，还有不少常务董事嘴上炫耀自己银行有熟人，其实就只会跑到那里借钱。在我看来，最近经常能看见的某某奖就和上述现象有些类似，实在是多得数不胜数。的确，比起批评，赞美他人是一件会令人愉悦的事，但就算少了“某某奖”的赞美，也未必就意味着会给那个人的未来抹上阴霾。有时候，获得某个有分量的奖项说不定只能证明你的一只脚已经迈进了棺材……

呃，我到底想说什么来着……对了，那是一个阳光明媚的下午……我牵着狗出门散步去了。不，不是这样，我应该是和小学老师出门散步去了。那位小学老师从福井县千里迢迢来到我家，为我送上了许多福井当地的特产，比如福井的西刺杜父鱼。

福井的海胆也是日本一流。福井四浦的海胆没有刺，我也不知道该叫它刺好还是叫它针好，总之四浦的海胆上没有那些尖尖的凸出来的东西。把它敲开后，就会发现海胆壳里装着的并非柔软的肉质，而是一块干巴巴的类似干果的东西，如果把海胆丢在地上，说不定还会像空罐子落地一样咣当作响。当我们取出海胆肉之后，要把它放在砧板上小心翼翼地反复揉搓，以确保它的肉质均匀。——没错，那天下午我和这位为我送来福井海胆的小学老师一同前往火车站。然后，一个在街头玩耍的小学生一瞧见这位老师，便拘谨地低下了头。老师转过头看了看我，笑着说——

“无论我走到哪里，孩子们都会向我行礼，看来在他们眼里，我总像个老师啊。”

在心生佩服的同时，我又感到有些心寒。我非常敬佩那些完全融入教师这一角色的人，但同时我也不禁为他感到惋惜。当教师完全融入自己的角色中时，他才能正确无误地施行符合常规的教育。但也由于他无法逃离教师这一角色的框架，导致他的行为总是循规蹈矩而缺乏灵活性。

料理也是如此。一个人在做料理时如果只会循规蹈矩，那么他做出来的料理也一定索然无味。我并不是说循规蹈矩的料理不好，至少它要好过一个心不在焉的人做出来的乱七八糟的料理。就像一个有大学文凭的无知者总好过一个只有高中文凭的无知者。不过，就算一个人上了大学，他也未必能学会自己想做的事。一个真正会为自己的目标而努力的人根本不需要去上学，学校是为那些需要被动学习的人而准备的。对于一个能够自觉付诸努力，独立展开研究的人来说，上学并不是必要的选择。话虽如此，你在学校学到的知识和靠自身努力得来的知识也未必有很大差别。就汉字而言，你在学校学到的“山”字，和自己独立研究，经过一番努力琢磨出的“山”字并没有什么不同。毫无疑问，它们在字形上都是同一个“山”字。而它们之间唯一的区别在于：在学校学到的循规蹈矩的“山”没有个性，而自己独立习得的“山”字才有个性，因为自己独立习得的字有力量，有内涵，还有美感。虽然循规蹈矩的事物可能是正确的，但不代表它一定是有趣而美丽的。一个有个性的事物一定是有趣、宝贵且美丽的，而当你在独立尝试中经历过一次次失败之后，你就能和循规蹈矩的事物一样拥有正确性。有个性的事物不仅有着独特的形式、外观和规律，还会自然地流露出它的趣味、力量、美感、色泽和风格。如果你想去上学我也不会阻拦，哪怕是学校的老师，他也一定会将事物的力量、美感和趣味传授给你。但要注意的是，千万不要让循规蹈矩的力量和美感占据你的大脑。在学习时，从形式开始学起也是可取的，但千万不要被囚禁在形式之中，必须要摆脱并超越形式的牢笼。

在脱离了形式之后，你就要开始创造新的东西，就算你把已有的东西复制了一遍又一遍，它们也不会给自身带来幸福。有了山之后还要有河流，有峡谷，这样才能构成一幅美丽的风景图。任意一座山、一棵树或一朵花都不可能是一模一样的，奇异的是那形态各异的一朵朵花最初还来自于同一粒种子，而等到发芽之后，它们便开始各自独立生长，争奇斗艳了。

我所说的“不要去上学”，实际上是希望各位不要满足于形式，应该自食其力，勤于钻研。

学习不能只满足于表面知识，还要积极地付诸实践。只有通过实践不断加深研究，我们才能深化自己对料理的认识。

那么，个性究竟是什么？

个性就是事物与生俱来的品质。

不了解自身优点就盲目羡慕别人也是不可取的。每个人都有他的优点，而且这个优点对他本人而言一定具有极为重要的意义。

如果你认为牛肉贵，所以它是上等食材，而萝卜便宜，所以它是廉价的下等食材，这就大错特错了。我们千万不能根据价格的高低来决定食材的好坏。

料理人不仅要在料理中加入自己的个性，还要把食材的不同个性充分利用起来，做到赏心悦目，美轮美奂。

瞿麦

平凡——北大路鲁山人

越是浅显易懂的东西，

实际上越是难懂。

有一天，朋友向我介绍了一位客人，我们刚一见面，他就抓住我问道：“先生，能否请您告诉我料理的根本含义是什么呢？”

“料理的根本含义就是为了吃而做。”我回答道。

客人似乎并不满意，又追问道——

“您说料理是为了吃而做，那么我们又是为了什么而吃呢？”

“当然是为了活命啊。”

“那么我们活着又是为了什么呢？”

“为了去死。”

“先生，我听不太懂您的意思。”

“这是因为你问的问题太复杂了呀！你好像觉得如果不问得复杂一些，就无法获得真理似的，可我认为你应该问得更浅显易懂一些。”我笑着说道。

客人显得有些慌乱。

“不，我绝无那样的想法……那么，只要我用更浅显易懂的方式来询问，您就愿意告诉我真理吗？”

“嗯，如果你用浅显易懂的方式提问，那么我就会告诉你浅显易懂的答案。”

客人更加慌乱了。

“可我想知道的并不是浅显易懂的事情，先生，我想知道真理。”

“浅显易懂的事情才是最切实的真理呀。因为你总是不愿面对真理，所以你才会对它产生错觉。因为你的舌头未曾尝过真正的美味，所以你才会被欺骗。因为你不愿意用你的手去做一些浅显易懂的事情，所以在用菜刀时你才总是会弄伤自己。”

“先生，我有些似懂非懂。”

“这很正常，越是浅显易懂的东西，实际上越是难懂。不，是人不愿意去了解。哈哈哈……我很快就要出版一本新书了，如果你还想了解更多，就去读读那本书吧。虽然那本书里只有浅显易懂的内容，不过我觉得所有你想了解的事情都可以在书中找到答案。”

“感谢先生提醒，届时我一定要买来拜读拜读。”

临走时，客人拜托我为他题一幅字，说是要把它挂在玄关。于是我便遵照他的要求，摊开色纸，拿起画笔。

“这幅字是要挂在玄关的。”客人叮嘱道。

于是我便写上了“玄关”二字，并将色纸递交给他。

“先生，您确定只写‘玄关’这两个字？”

“没错。”

客人欲言又止，默默地离开了。

有的玄关会让人觉得它不像一个玄关。我猜，刚才那位客人也把自家的玄关做得让人分不清它究竟是房子的入口、脱鞋处，还是小型仓库。不然他也不会再三向我强调那幅字要挂在玄关。我不希望今后其他人到那位客人家中拜访时，对他家的玄关产生误解，于是就好心地写下了“玄关”二字。

在种树时，如果我们将适合在阴凉处生长的树栽培在向阳处，或是将适合在沙地生长的树移植到红土里，对树来说都是一种折磨。同样的道理，让我们扪心自问，自己有没有把最适合用来烧烤的食材放入汤里熬煮，有没有把适合做成生鱼片的食材拿来烧烤呢？刚才我回答那位客人“料理是为了吃而做”。你是不是觉得，越复杂越精致的料理才是好料理？你是不是认为价格越高，料理就越高级？我还有很多话想说，我所说的虽然只是料理的入门知识，只是料理的“玄关”，但是，诸位，如果你们要拜访老师，就要从玄关堂堂正正地拜访，见了老师，再用你们自己的嘴亲自向老师提问。如果我的这篇文章能有幸为诸位打开料理的大门，带领大家走入料理的“玄关”，也请诸位务必亲自观察，亲自聆听，亲自品尝，然后暂时用乐观的思想去看待问题，充分地享受幸福生活，我就再高兴不过了。

味觉美与艺术美——北大路鲁山人

我们首先要培养自己观察自然的眼光，
换句话说，
就是要学会在自然中发现“美”。

上天在创世时早已安排好了一切，所以日光之下并无新事。人只能想办法吸取自然之精华，摸索如何将这一上天的伟大创造利用于人世间，而这并不是一件容易的事。有的人自以为成功吸取了自然之精华，其实已经在无形中破坏了它；有的人自以为已经成功地利用了自然这一天成之美，但其实已经在无形中扼杀了它。只有那些不谙世事的天才，才勉强能直视自然界，领悟自然的天成之美。

因此，我们首先要培养自己观察自然的眼光。如果没有足够的眼光，我们就无法做出优秀的书法作品、绘画作品以及其他一切与美相关的艺术作品。

假设这里有一根萝卜。如果它是刚从地里拔出来的，那么不管我们把它做成萝卜泥还是用来煮汤，它一定都很美味。但是，如果这根萝卜不是新鲜的萝卜，那么不管你请什么大师级厨师，让他费尽心思，用尽毕生绝学来料理这根萝卜，恐怕你也未必能从他的料理中尝到属于萝卜的真正美味。因为你只有用新鲜的萝卜，才能尝到它的真正美味。

再假设这里有一枝花。如果它刚从花蕾中绽放出来，那么就算我们随手将它扔在一旁，也不会使它的美丽褪色。但如果这枝花已经临近凋谢，那么不管多么有名的插花大师把它装饰在多么名贵的花瓶里，我们都无法从这枝花中感受到天成之美。因为人工之美终究无法替代天成之美。

综上所述，自然是美之源泉，也是美味之源泉。这个道理非常简单，我可以举无数个例子来证明它，但普通人却不容易理解这一简单的道理。于是他们为了追求美或美味，就会去做一些完全无益的努力。比如说在做料理时，他们会搞一些无聊的小把戏，在料理中加入不必要的味道；在画一幅画时，他们则会强行改变画的造型，或是肆意地滥用颜料。

如果只谈料理技术或绘画技术，那么现代人完全是合格的，而我之所以敢断言现代没有真正的料理人，没有真正的画匠，是因为现代人都无法领悟自然之美。虽然关于这个问题我还有很多话想说，但由于篇幅问题，在此我就不作进一步的说明了。总而言之，我们必须要先学会发现自然之美。

接下来的问题是："是不是只要自然就一定美丽，所有自然的东西都是美味的呢?"没有什么比自然更神秘莫测了。一方面，自然将光热注入大地，用雨水浇灌花草树木使其生长。另一方面，自然有时候又会在电闪雷鸣间使一棵百年老树化作焦炭。是自然孕育了花草树木，同时也是自然使得它们枯萎萧疏。自然将智慧赠予人类，使人类有了生存的可能。同时自然也驱使着人类利用这一智慧发动战争和破坏。

我们唯一能做的就是认识到这些自然力量的存在。如果说是自然赋予了我们生命，那么带领我们走向死亡的也是自然。这世上有着一种无论我们如何努力都无法控制的东西，它就是自然的决定，我们称之为命运。这个话题似乎过于具有跳跃性了，如果以后有机会，我将对上述自然的根本性进行详细介绍，但现在我们的主要问题是自然所创造的具体事物的好坏。

我在上文中提到，我们首先要培养自己观察自然的眼光，换句话说，就是要学会在自然中发现“美”。虽然我说自然是美之源泉，但自然本身也存在美与不美，美味与不美味。

当然了，这里的“美”和“美味”终究是我们人类用来表达情感的词语，对于自然而言，它们的价值一定没什么不同。但是，就算是萝卜，也会根据它的品种、生长地的土壤状态和气候而变得美味或不美味。因此，如果你想做出美味的萝卜料理，首先就必须保持萝卜原有的风味，选择新鲜的萝卜；其次还要拥有选择优良萝卜的心得。

所有好的东西都来自于自然。换句话说，如果自然环境是好的，那么它所孕育的一切事物也必定是好的。为什么我会有这种想法呢？这是因为——

出于对美食的热爱，我吃遍了自己能吃的美食；出于对艺术的热爱，我总是尽自己所能去鉴赏艺术作品；出于对书法的热爱，我欣赏了无数书法大家的作品。我已经尽可能地去接触其他所有美化我们生活的事物，无论是建筑、园林还是其他任何事物。不过，一开始我对国外的东西很着迷，但随着品位的提高，我渐渐发现日本的东西更好。不管在书法、绘画、陶瓷、料理、建筑、音乐、花卉还是园林方面，都是如此。

比如在陶器方面。明末的青花瓷反映了当时的时代背景，是中国陶器中的精品，但现在能烧出这种好陶器的人已经很少了。此外，过去陶器不过是陶艺家的作品，而自从陶器被传入日本之后，它俨然已经成为一门新的艺术。

这是一直以来我赞美自然美的原因，不知道最近对自然美的赞美之风是不是基于这种认识。就算抛开当下流行的一些主义，我们也正有幸地处于世人对自然美热情高涨的时期，我衷心希望大家能抓住这次机会，真正掌握自然美的精髓，提高对自然美与艺术美的认识。

覆盆子

三餐——柳田国男

在过去，

从食物中获取能量才是人们吃饭的唯一目的，

而现在人们却反而开始追求口舌之欢。

一、人生的作业

在战争爆发之前，东京有许多不吃午饭的两餐主义者。因为比起农村，东京人的清晨总是晚来许多，等他们摆脱了清晨的倦怠，一心投入工作中时，已经是正午的十二点。此时如果选择小憩一个小时，又会让人觉得有些可惜。当然，人们选择一日两餐的主要原因似乎还是因为他们觉得为了让食物消化得更为彻底，就应该延长两餐之间的间隔。但也有一部分重视历史的人认为：一日三餐只是新形成的习惯，一日两餐才是日本人自古以来的风习，所以我们理应回到原有的古老轨道上。毫无疑问，历史的确是决定我们未来生活的重要参考，但是，这些知识必须足够准确，否则就不能作为我们的判断依据。我们应当尽可能地把握历史的全貌。也就是说，我们不仅要弄清过去人们一天只吃早晚两餐这一论据是否属实，还要弄清出于什么原因，在怎样的情况下，“一日三餐”才成了世人的普遍习惯，以至于人们会将一日只吃两餐的小孩称为“欠食儿童”。这才是我们应当学习的历史，但目前市面上好像还没有一本书能够如此详尽地介绍这一段历史。而且，就算有人能够在口头上对这段历史进行解释说明，如果不能使人信服那也将毫无意义。但是，当大家都开始重视这段历史，想要在了解、查明关于这段历史的真相之后，再决定是否选择一日两餐的饮食生活时，答案便一定会立刻出现在大家眼前，因为这并不是什么难以得知的秘密事件。大多时候，我们之所以会对某件事情感到陌生，只不过是因为之前我们根本没有尝试去了解。而当我们真正需要用到这些知识的时候，哪怕临时抱佛脚，慌慌张张地去到处打听，也未必问得出个所以然来。

二、什么是午饭

所以年轻人们都在努力地扩张着自己的历史知识储备，以备不时之需。但对历史知识的把握，不能是地毯式的死记硬背，要利用合适的机会，从那些自己真正觉得有趣的内容开始掌握。兴趣是最好的老师，凭着兴趣看到的东西，不必花太大功夫就能有很深刻的印象。当各位有幸居住在同自己原有环境的饮食习惯截然不同的地方时，就是了解相关历史的大好时机。我相信即便不借助我的这篇文章，你也能注意到很多事情。

如今，家家户户都离不开午饭。对现在的人来说，一日三餐已是一种常态，以至于哪怕一个人能够决定自己一日只吃早晚两餐，也绝对无法让其余家人也遵照自己的饮食习惯。不过，只要你稍稍留心，就会发现人们吃午饭的风格会因人的习惯、工作种类和生活环境而发生变化。哪怕是城里人甚至是上流阶层的人，都未必总能在家中用餐。农村渔村自不必说，普通城镇里的居民也大都不会在家中吃饭。而且，食堂和餐厅这类供人用餐的地方是最近几年才出现的，在这之前，人们都会把家中的饭菜打包带到工作场地，在工作之余食用午餐，时至今日，这依旧是人们主流的用餐习惯。过去，日本人的工作也大多在户外进行，不要说男人，就连女人或老年人也很少会在家中享用午餐。再仔细一想，午餐和早餐、晚餐似乎也存在一些差别。首先，吃午餐时，一家人不需要按照顺序排成一排，同时进食同种食物。其次，为了能够边走边吃，人们对午餐用的餐具进行了改良，所以和在家吃饭时用的餐具也完全不同。另外，因为午餐的分量都是事先决定好的，所以不能像在家中用餐那样想吃多少就吃多少。我不知道“便当”这个词具体是什么时候出现的，也不知道它的由来，但在农村，很多人都称便当为“年糕盒”，因为便当不同于大锅饭，需要事先决定好分量装进饭盒，然后大家各吃各的，在这一点上它确实与年糕有些相似之处。

三、笥时即饭时

因此，在三餐中，只有午餐的形式最为独特，当从早到晚都能在家中工作的职业——比如亲自看店的零售商，或如同裁缝这样在家工作的人——变多了之后，三餐的形式才慢慢走向了统一。一开始这样的职业只出现在城市中，不过最近它们在农村也渐渐开始兴起。假设打包在外面吃的便当也算午餐的一种，那么所谓“过去日本人只吃早晚两餐”这一论据就显得尤为可疑。

不仅如此，从全国范围来看，“现代人的用餐习惯变成了一日三餐”也和事实相违。如果我们把用餐方式、场所、分量、器皿都和早中晚三餐截然不同的一次进食也算作“一餐”，那么别说一日三餐，农村里甚至会有一日四餐、五餐乃至于六餐的人家出现。虽然我不太清楚以中国为首的东南亚各国人的用餐习惯，但至少在日本，“在外用餐”和“在家用餐”这两种用餐方式是从一开始就被区分开了的。我也觉得这样区分起来要更为方便，如果把在外用餐和在家用餐区分开来，那么以前的日本人的确一日只吃两餐，而最近则出于一些新的原因，日食三餐的人才逐渐增多。

据说传统的早餐和晚餐在古日语中被称作“饷

（ke）[1]”，现在仍有些人用“朝饷”“夕饷”来形容早餐和晚餐。另外，自古以来，祭祀用的食物还会配上敬语，被称为“朝御馔”或“夕御馔”。虽然我认为只有在家中做的午餐才可以被称为“昼饷”，不过最近越来越多人觉得带出家门的便当也能算作是昼饷，看来“饷”的词义也渐渐含混了起来。据说，日语中“饷”之所以读作“ke”，是因为最初有一种名叫“ke（笥）”的饭碗，只有用这种饭碗装着的食物才能被称为“朝饷”或“夕饷”，“家居之食，盛饭有笥；枕草在途，椎叶载粢[2]”这一古老和歌也能印证上述猜想。另外，因为家庭生活和日常生活也被称作“ke（亵）”，说不定“饷”早就跟日常和家庭挂上钩了。在日本中部地区和近畿的部分地区，人们会将“饭点”称为“笥点”。在岐阜县南部地区，人们还会将在外用餐的时间段称作“茶时”，以便于将它和在家用餐的时间段——“笥点”区分开来。

四、饭点与茶时

在东京，人们经常使用“饭点”一词，它也和“笥点”一样，主要是用来形容家中用餐的时间段。当我们向坐在

1◎饷（ke）：ke既是日语中“饷”的读音，也是“笥”和“亵”的读音。
2◎引用自钱稻孙译《万叶集精选》。

田埂上吃着黄豆粉饭团的人问路时，经常会说“非常抱歉在饭点打扰您……”，这种用法算不上错，只是一个小小的玩笑，对方听到之后也大多会面露笑容。日语的“饭”读作meshi，它由召す（mesu）[3]演变而来，正好是与从“恩赐[4]”一词中诞生的“食”相对应的敬语。而现在“饭”主要和“吃”搭配，虽然它失去了其原有的敬语含义，但被运用得更为广泛，而原本只有那些有用人伺候的身居高位之人的食物才可被称作“饭”。很明显，因为户外劳动者的午食并非午餐，所以我们也不能将其称作午“饭”。从这一角度来看，哪怕农民一天能吃五餐甚至六餐，我们也能通过饭点与非饭点的归类方式将它们分为两类，所以尽管“茶时”一词并不具有悠久的历史，但它也是最适合用来形容“非饭点”的词语了。

相较于过去，现在这个茶时的出现频率越来越高，渐渐成为人们生活中不可或缺的一部分。从祭祀神灵时人们咏唱的祝词中我们不难看出，起初的饭点，即早餐和晚餐的用餐时间，分别被人们规定在朝阳升起和夕阳落下之时。也就是说，最初人们在日出与日落间的十二小时里是不会进食任何食物的，这对现代人来说似乎有些难以想象，但

3◎召す（mesu）：为食和饮的敬语，其名词形式召し（meshi）读音与饭（meshi）相同。

4◎恩赐：在古代日语中，“食”本是“恩赐”的谦让语，用于表示说话者从地位高的人那里“获得”某物，后来才转变为“吃”的含义。

我们都忘记了一件重要的事，那就是古代人和现代人的差异，这种差异不仅是体质的差异，更是习惯的差异。以前有很多人只要饱餐一顿就能在一两天内完全不需进食，还有不少人哪怕长时间不吃饭也不影响日常生活。到了中世纪之后，也有一些血气方刚的青壮年会一次性往肚子里吞入一大堆粮食，称其为“贮食”，并将之视为一种武艺，以获取周围人的赞赏并引以为自豪。其实在战国时期，如果你突然作为使者被派往遥远的他乡，或是出于任务需要藏匿于敌阵中时，就有可能要用上这一特技。一旦不进食，身体就会变得虚弱（恐怕在这次大战中也有不少人经历过这样的感受），这对人的工作非常不利，因此，过去能够做到“贮食”的人往往会受到重用，也有一些人会特地去训练自己的“贮食”能力。而且练习贮食需要消耗大量粮食，所以练习者自然不会出现营养不良的状况，倒不如说能够做到“贮食”的人，大多都是大胃王。

五、有临时食物的日子

我认为，食物从一开始就应该分为两种，一种食物用于维持和滋养人的生命，另一种食物用于加深人的喜悦和快乐。虽然两者对我们来说都缺一不可，但前者与我们日日相伴，而后者则有其固定的日子或季节，而且它的吃法和做法也各有千秋。通常，那些需要耗费我们更多时间和精力的珍馐美馔都属于后者，所以经常有人称之为“珍物”或“珍品”。虽然有时候人们也会聚在家中一起享用，但自古以来，人们大多会在临时搭建的小屋里、舞台背后或蓝天下享受这些珍奇的美食，而且在这些固定的日子里，我们的父母也总会从事一些特殊的工作。

最有名的日子是祭神日，比如正月、盂兰盆节和彼岸[5]，其次是其他普通节日，在这些日子里，人们都会停下手头的工作举办庆祝活动，同时也会准备一些另类的食物。这些食物首先要献给神灵和先祖，然后才轮得到我们自己。另外，时至今日，在婚礼之夜、孩子顺利出生之时、给老人祝寿之日以及送葬的前后和各种忌日这类需要召集亲戚朋友的日子，家家户户也一定会准备一些不同于早饭和晚饭的食物。

但是，很多人可能已经注意到除了上述场合之外还有很多类似的案例。当面临那些一年至多只会发生一至两次，甚至更为罕见的事件，人们需要竭尽全力去工作时，这时他们也会准备一些和平常完全不同的食物，如果可以，他们还会倒上酒，以庄重的态度和新鲜的心境和平日里与自己无缘的人们共同进餐。仔细一算就会发现，这类情况还真不少，战争也是其中的一种，战局紧张时自然无暇张罗大餐，但在出阵始日或喜得凯旋之时，以及决战前夕，军

5◎彼岸：以春分或秋分为准，前后为期一周的时期。

中大多都有准备好上述另类的大餐。在犒劳将士和提前庆祝胜利时，如果准备的食物和往常一样，平平无奇，便无法起到振奋军心的作用。在室町时代末期，也就是所谓的战国时代，日本国内有许多小规模的战争，在这动荡的百余年里，日本人的饮食习惯之所以发生明显变化，正是因为战争时期的饮食方式与往常截然不同。

六、狩猎、伐木与旅行

虽然在规模上要小很多，但在“人们走出家门干大事”这一点上，狩猎和战争也有些相似。为了调动猎人们的积极性，提高他们的工作热情，在这时人们也会准备一些不同寻常的食物。另外，为了建造宫殿、打造船只，人们会上山采集木材，这也属于“走出家门干大事”的一种。等工人们终于将运来的木头做成船身或是建筑物的脊檩，大家也会聚在一起吃一顿不同于往常的大餐。给屋脊盖上瓦片封顶的日子也具有同样重要的意义。当房屋遭遇火灾或洪水，众人前来抢救时，不管最终成功与否，众人都会获得刚出锅的饭团和酒水作为犒劳。虽然现在人们都认为这些食物是为罹难者而准备的，但这类特殊劳动本来就应该以特别的食物进行犒劳，这和办丧事时也没有太大的区别。

为旅行者提供的食物也尤为重要。时至今日，旅店都会以招待客人的方式设宴款待旅行者，哪怕在旅店还不存在的年代，当一群尊贵的人经过某片土地时，当地人也会兴奋不已。关于这一点，我们只需翻阅中世纪的文献，就能获得数不清的实例，就连从京都到奈良这样短约一日的旅程，也有人会提前通知当地人为旅行者准备午餐。当地人提供给旅行者的粮食被称为杂饷，米饭是名为“屯食[6]”的饭团，虽然没有汤，但取而代之的是各种用箱子或柜子装满的美食，可以供几十人在路旁或林荫下垫着席子慢慢品尝，就连拉车的牛马都能分到不少饲草。在那个年代，有权势的人为了展示自己的实力，总会提前吩咐人在自己的落脚点准备好足够的伙食，并给予他们充分的补贴。而对于没有如此经济实力的贫穷旅行者来说，旅行则是一场痛苦的煎熬。他们总是随身携带着干饭，通常会在清水边上用水打湿干饭再送入口中，不过《伊势物语》中也有干饭被眼泪打湿而变得柔软的描写。连日来都要吃这样的食物，想必这段旅程一定十分痛苦，不过毫无疑问的是，这里出现的干饭和之前的各种食物一样，都属于不同寻常的食物。换句话说，和战争、狩猎、建筑工作一样，人们在旅行时的进食方式也和在家中进食早晚餐的方式截然不同。

6◎屯食：也被称作包饭，是平安时代和镰仓时代贵族施舍给下人的食物，主要是由糯米握成的椭圆形饭团。

七、农业与户外用餐

家中餐和户外餐的区别在于，前者是自家人聚在一起，父母孩子、兄弟姐妹不分彼此其乐融融地享用的日常饮食，而后者则是在固定日子里，面对神灵或贵人，或是和外人一起以庄重的心态品尝的食物，这二者之间不仅在食物的种类上存在差异，烹制食物的妇女们的心境也各不相同，而且食材的来源也有些差异。早饭和晚饭常用的饭料一般贮藏在饭箱或粮米箱，也就是今天我们所说的米箱里，旁边放着一个容量约有0.45升的木制大碗，有多少人就打多少碗料，这样换算下来，一个人一天要吃0.9升的饭料。而和在烧饭时使用各种杂粮的早晚饭不同，户外餐所用的都是前一天刚除去了稻壳的白米。直到今天，在插秧的日子里，重传统的家庭都会早早地将糙米精磨成白米，并将它们装进草袋里。另外在正月，人们在烧饭时还会加入祭神用的大米。了解了这类风俗的人们无不心生敬意，对这些食物的味道充满了好奇。来自农村的人在闲聊时总会说，重体力劳动过后吃的厚朴叶包饭和黄豆粉饭团才是这世上最美味的东西。

根据地域的不同，这类农耕活动所伴随的户外用餐的时间跨度也各不相同，有的地方的人整个夏天都要在户外用餐，有的地方的人则只在一小段期间内才会在户外用餐。唯独在插秧前后的这一段时间，无论人们身处何地，都离不开户外用餐。造成这一结果的原因有很多，但归根结底，这是因为插秧不仅是重要的劳动，还是农民们的节日。这一天，青年男女都会穿上崭新的工作服，哪怕束衣袖的带子和白毛巾沾上泥土也毫不在意，早上天未亮他们便下到田里，等太阳从东山升起时，他们已经纷纷唱起了插秧歌。许多流传至今的插秧歌的歌词都是对农神的赞美，请求他们降临到田地中，保佑农作物茁壮成长。临近正午时分，会有一个小姑娘把今日的午餐架在头顶送到田里。在西日本人们称这个小姑娘为送饭贵人，而在关东到东北一带人们则称她为午间送饭人。送饭贵人同时也负责调理午餐，在插秧歌的歌词中，插秧的人们无不翘首盼望着打扮得比任何插秧女都要漂亮的地主家的千金小姐带来各种众人心仪的美食。另外，在插秧时，人们都会叫上关系亲密的邻居或是亲家人前来助阵，尽可能地在最短时间内把秧插完。这天提供的食物不仅是为了给插秧人加油助威，犒劳他们的辛勤劳作，更寄托着农民们对未来农作物茁壮成长的美好希望。这个活动的起源非常古老，甚至可能早于其他各种节日。

八、三个变迁

在日本最古老的书籍中也记载着女人给农夫送饭的故事。农村里至今还留有传说，说是给农夫送饭的女人又遇到了一些不可思议的事，最后被当作神来供奉。除此之外，还有非常多证据可以表明插秧这一天人们会在田边吃午饭的风俗自古以来便一直存在，在此我就不一一列举了。我想要告诉大家的是，这个吃午饭的习俗和今天的一日三餐乃至于一日六餐的习俗之间究竟具有怎样的联系，我相信只要了解了这一点，总有一日它会对各位起到某种帮助。因为一天分几餐来吃、每餐占多大比重是关乎我们能否高效地、充分地享受食物的重要议题，而做出最后决定的人，则正是各位读者。

这三个重大变迁始于中世纪以后。第一个变迁在于，上述临时食物渐渐向甘甜美味且稀有的方向发展。第二个变迁在于，人们食用这些临时食物的日子渐渐变多。第三个变迁在于，人们在一天内食用临时食物的次数也渐渐增多，从原来的一天一次，到后来的一天两次或三次。在这三个变迁中，除了第一个变迁还受其他因素影响，其余两个变迁都主要与插秧日有关，所以在农业之外的领域，这两种变迁都未必会发生。因此，我想先和大家一起摸透第二和第三个变迁，最后再谈一谈与大家关系最深的甜品。

在插秧前后，还有许多辛苦程度不亚于它的重体力劳动。比如在换茬时，如果要改种麦子，就要赶在入冬之前用马把之前割完稻穗剩下的稻茬全部挖出来。另外，在过去，等到春天到来、田里的冰雪融化之后，年轻的男人们会全体出动，把去年残留的稻茬一株一株地翻出来。这被称为“打春田”，是一年农耕活动之始。然后没过多久，人们又要准备在秧田中播下稻种培育秧苗，在播种的日子里还有一个小小的庆祝活动，人们会将多余的稻种做成炒米[7]装进袋子分给孩子们吃。之后还要疏浚农用蓄水池，修复水沟，疏通水渠，等土壤渐渐变得柔软之后，再将捣碎的大土块填补到田埂上使其更加牢固，防止田里的水流出，此时就可以准备在田埂处播种大豆了。等到正式准备插秧的时候，还需事先用耙子使稻田变得平整，并在当天上午从秧田中取出秧苗，如果较为繁忙，就应该在前一天的黄昏将秧苗提前收好。在插满和插完秧苗这类值得庆祝的日子里人们会稍作休息，等这段短暂的时光结束之后，他们又马上要开始展开除草工作，并连续除三到四轮杂草。因为有这样一连串的重体力劳动，人们渐渐忘记插秧对农民来说是一个非常重要的节日，便自然而然地认为午饭不应该只有在插秧的日子里才能吃。所以，哪怕不是插秧，只要家家户户的男女一同在田里劳作就有人会送来临时食物的风俗才渐渐在农村中蔓延开来。

九、午饭与午睡

由于插秧前后的日日劳作十分辛苦，如果不经常稍作休息，人们在劳作时反而会使不上力气。在雇用很多年轻

7◎炒米：将新稻谷用火炒再用臼舂，除去稻壳后得到的米。

人的农家里，雇主甚至规定每天中午只能有短至一炷香的午睡时间。所以直到现在都有很多地方的人认为从农历四月八日到八月一日为止，劳动者们都应当有相应的午睡时间。“一日的交叉点”原指一天中阳光最为强烈的正午，后来人们渐渐忘记它的原意，转用它来指代午睡，乃至于有人将农历八月一日称为“交叉点的封锁日”，即午睡的终止日。当稻田长势旺盛，田里渐渐没有阴凉的栖身之地时，一部分住所较近的人便养成了回家吃午饭的习惯。为了尽快地让结束午睡的农民们投入工作，就必须要以少量食物为诱饵来打消他们的倦怠。因此，有的雇主就会在农民午睡前和午睡结束后分别为其提供两次小午餐。不过这都是雇用农民的雇主所想出来的方案，和人们最初准备午餐的目的（犒劳）相去甚远。

“昼间”一词原来只有“白天”的含义，不知它从什么时候开始成为午餐的代名词，包括我们在说吃午餐时，也会用上“食昼”这一表述。而且不同于早餐和晚餐，午餐在很长一段时间内都没有成为家中固定的正餐，关于这一点，你只要看一看我接下来将要介绍的小昼和小昼间[8]就会明白了——至今它们都还是户外的临时食物。毫无疑问，

8◎昼和昼间都指代午餐，加上“小”，则为小午餐，后引申为“茶点、零食”的含义。

小昼间是“昼间”的缩小版本，不过现在只有中国[9]、四国和九州地区的人会用小昼间来形容零食，其他地区的人大多会称呼零食为“小昼”。在东北的部分地区、纪州和北陆的部分地区，人们会将它称为“小午”，这大概是受到了“午饭”一词的影响，不过其由来现在已经无从查证，除此之外，信州、富山县和能登半岛对零食的表达方式也略有差异。从全国范围来看，人们通常会将自己在下午休息时吃的零食称为“小午”，并把在上午休息时吃的零食称为“间食”或“填腹食”，也有不少地方将其称作“朝小昼”。另外，大分县还会将上午和下午吃的零食统称为“小昼”，并以“午前小昼”和“午后小昼”的说法对上午和下午的零食进行区分。偶尔还会有人把上午的零食叫作“小昼”，而故意将下午的零食称为“下午小昼”或“夕小昼”。我认为各地对零食的称呼之所以各不相同，可能跟某些特殊的时间也有关系，在岐阜县北部的大山里，每年六月是农耕活动最为繁忙的时节，此时人们会将下午吃的第二顿零食称为“乙小昼”。不过，在秋田县的雄物川流域到青森县西部的广阔区域中，人们还会将插秧时吃的黄豆粉饭团或其他由糯米做成的食物称为“小昼妈妈”。

9◎中国：此处指“中国地区”，又名“中国地方”，是日本本州岛最西部地区的合称，约等同于古代令制国的山阳道与山阴道。

十、小中饭和小昼饭

除了上述称呼之外，零食还有一些奇怪的名字。比如以东京周边的村落为中心，北至福岛、宫城二县，西至甲州和信州的一部分地区，东至爱知县的东部地区，生活在这一范围内的人们没有使用“小昼”来形容零食的习惯，取而代之的是“小中饭”和“小昼饭”，而且只有上午的零食会被称作“小中饭”，下午的零食则被称作“午后小中饭”。

另外，在中国地区的鸟取、岛根和广岛各县，当夏季农忙时，人们会将一日三餐以外的零食称作“端间”。对此，有些人认为，因为日文中的“端”与“筷”同音，所以这个“端间”最初应该写作“筷间”，为什么叫筷间呢？因为三餐是用筷子吃的，而零食处在这三餐之间，所以“筷间”就是“用筷子吃的三餐之间的食物”——零食，但这种说法只是牵强附会，它无法解释为什么有的地方还会用“小端间”来称呼零食。如同上文所述，人们会在“午饭”的前面加个“小”来形容零食，但绝没有在“零食”的前面也加个“小”来形容零食的，因此，这个“端间”，同上文中的“昼间”一样，最开始都是用来指代“午饭”的词语。端，即两端，指代早饭和晚饭，所以端间就是早饭和晚饭之间的食物，只不过随着时代的变迁，“两端”除了早饭和晚饭之外，还可以指代“早饭和午饭”及“午饭和晚饭”，因此“端间”的含义也从最初的午饭，转变为了三餐之间的零食。另外，还有的地方会将它称为“小间”，间即间隔，同时它也是现在零食的别称——“间食”的语源之一。不同地区的零食风俗也各不相同，有的地方从春分至秋分每天都有零食吃，有的地方则以盂兰盆节的始日（新历七月十三日）为零食的终止日，有的地方则只在插秧时提供零食。“端间”一般用来指代下午吃的零食，不过偶尔也有人将上午的零食也称为“端间”。甚至有人会将清晨的简易早餐也称为“端间”，不过这样的例子极为罕见，而且我估计使用者本人对“筷间”的理解也存在一些偏差，他们大概已经忘记“端间”的原意是“三餐之间的零食”，转而认为只要是简单的食物都能被称为“端间”。

在日本北端的岩手县九户郡，人们将上午九点和下午三点吃的零食称为“隔食”，而在九州的佐贺县三养基郡，人们则将零食称为“隙食”，尽管佐贺和岩手相隔甚远，但当地人在给零食命名时，都运用到了“间隔”“间隙”的概念，意指零食是“间隔在两餐之间”的食物。一开始“昼间”的“间”也只指代早餐和晚餐“之间”的食物，不知从什么时候开始，昼间也具有了和早餐、晚餐相同的地位，作为正餐之一的午餐位列于一日三餐之中，因此，人们就渐渐不能用“间”这个词来形容零食，便只好找一些和“间”同义但不同音的词语来替代，所以才会出现上述“隔食”或“隙食”的表达。

十一、“间食”一词

在奈良晚期的书籍中就已经出现了将零食表述为“间食”的用法。虽然目前没有文献明确记载了“间食”一词最初的读音，但至少在古代，间食并不像现在这样读作“kanshoku”，而读作“kianzui”。在吴音里，一般将食读作“xi”或“sui”，当时只要是入过佛教的人都会使用吴音，所以“kianzui”这一读音说不定也是那些在寺庙中工作过的人记录并流传下来的。时至今日，近畿地区各县市的居民都会用“kianzui”来形容零食，不过它的出处则早已被人们所遗忘。有人认为“kianzui”写作“间炊”，意指在三餐之间另外炊的饭；也有人认为因为零食里经常有粥，所以“kianzui”里的“zui”其实就是吃粥的意思；更有甚者，认为“kianzui”写作“砚水”，还捏造了一个莫须有的传说，说是昔日咸阳宫里，砚台里的墨水因严寒而结成冰块，于是宫里人就往砚台中倒入酒水给墨水解冻，从此人们便将酒水称作砚水。但实际上，在日本中部地区，人们的零食中几乎不会出现酒水，而是一些剩饭或是小麦粥，也有一些地方的人只会将厚朴叶包糯米饭或年糕、包子之类的食物称作“间食”。而且“间食”一般被用来形容下午吃的零食，上午吃的零食则一般被称为“朝间食”或“四间食”。

至今仍有许多地方沿用着“间食”一词的古音（kianzui），

但它的含义也会根据地域而发生细微的变化。在新潟县的部分地区，只有在一年一度或两度的特殊劳动日中精心准备的豆沙包之类的零食才会被人们称作间食。在中国地区西北部的沿海地区和九州南部诸岛，间食一般被用来指代亲戚带来的慰问品，比如探望病人或是请人盖新居时，人们通常会准备些酒米或装在层层饭盒里的美味佳肴以示心意。原本家家户户的零食也都被称为间食，不过后来兴起了精心准备慰问品的习俗，于是间食就开始被用来指代这类特别的食物，直到今天，还有一些地方的人会将给木匠送去的慰问品称为“新房间食”。当人们开始拜托专业的建筑工匠为自己修建新房时，零食才逐渐变成了高级的料理。在上梁式中，东京的木匠们也会用“间食”一词来称呼眼前的各种珍馐美味。只不过现在有很多人搞错间食的读音，把“间食”读成“减少”。

十二、茶点之起始

现在，人们一般将这些赠予工匠们的间食称为茶点。在农村，还有很多人会把茶点和传统的小午餐或小中饭区别开来，但由于最近农家的契约劳工越来越少，临时工的数量渐渐增多，雇主给劳工们分发的食物也渐渐统一，因此人们也没有必要再将这些统一食物的称呼一一进行区分了。在关东地区的千叶县，人们广泛使用“小茶”一词来指代茶点，而在中国地区的隐岐岛，人们会将在插秧日上午吃的零食称为“小茶”，而把下午午休睡醒后吃的食物称为“提神小茶”。在广岛县的渔村，有一种类似于晚餐的小吃，叫作“孙茶”，之所以用“孙”，就是因为这个孙茶比小茶还要小。在京都和大阪的周边村庄，“间食”一词也已经逐渐被人遗忘，取而代之的是被广泛使用的“茶点”，人们将上午的茶点称为“前茶”“朝茶”和“四茶”，而将下午的茶点称为“八茶”“七茶”和“二番茶”。这里出现的“四”“七”“八”其实是古代的计时方式，“四”大约在上午十点，“七”大约在下午四点，“八”大约在下午两点[10]，另外，“八”还是给孩子们吃的零食[11]的词源。

在用“茶点”来称呼简易小吃这一点上，日本和西洋也有些相似之处。在农村，茶点不仅可以指代工作日的零食，还可以形容用于招待客人的简易小吃。尤其在九州，人们还会将婚宴和办丧事的酒席也称为茶点，这时的茶点不仅有酒，还有各种美味佳肴。不过“茶点”一词的来源果然还是和喝茶有关。有一种说法是，最初是一位著名禅师在镰仓时代初期将茶从中国带回了日本，并将它栽培在九州肥前的背振山和京都附近的栂尾和宇治地区，不过这

10◎古代日本的计时方式，类似于现代的十二小时制，即“九”对应夜晚零时与正午十二时，此后每两小时计数递减一次，到“四”为止，即“四”对应上午十时与夜晚十时。

11◎在日语中，“八”的读音与“零食”相近。

个说法只有一半是正确的。哪怕没有引进中国的茶叶，在我国中部山岳地区，东起东京群山，西至九州南端，处处都生长着野生茶叶，当火耕结束后，最早从土里探出脑袋的就是茶树的嫩芽。只不过那时日本人并不知道能将茶叶用水煎煮制成饮料。信奉禅宗的人们总说“茶有十德”，但一些古书也曾记载道，这十德中至少有五德是不受农民欢迎的。不过，至少农民们也因这温热茶水的出现而多了一层口福，所以现在农民们喝的茶其实比那些茶道家还要多。而茶水之所以如此受欢迎，想必也是因为总和它成双成对出现的茶点。最初人们说是要补充点盐分，就会在喝茶的同时食用一些梅干或泡菜，偶尔还会有人直接拿来一小匙盐巴舔着吃，一般来说，喝茶时食用的茶点量不会太多，只能稍微解解嘴馋，而这大概也是茶的人气之基础。因为茶和茶点的出现，人们在工作中小憩的次数逐渐增多，就连那些不饿的人也会以解闷为由纷纷加入喝茶的队伍当中。在此过程中，砂糖这一“歪门邪道”也终于露出了身影。

十三、砂糖的魅力

孩子们无疑是砂糖之出现的最大受益者，但这也是后来的事情了。早在近400年前，砂糖就传入了日本，在最初，砂糖是人们只有耳闻而难得目睹的稀罕物，哪怕是城里人，也只有那些达官显贵才有购入砂糖的能力。不过，在那之后，可能是受到茶的影响，甜味才渐渐在日本得到了普及。孩子们一旦尝过砂糖的味道就难以忘怀，但又无从入手，只好寻找其替代品，于是除砂糖之外的甜味便陆陆续续地出现在日本人的食物中。

有一些食物是在喝茶的风俗进入农家之后才出现的。其中一个例子就是茶桶饭，你在日本各地都能找到这样的料理，但它们只有名称一样，所用的材料则各不相同。比如在播磨的一些地方，是将蚕豆和磨碎的小麦混合，再加入适量盐煮成熟饭；吉备郡的做法则是将小麦和豆子先放入锅中翻炒再混入大米煮成米饭；在出云的松江流域附近，人们在烧饭时还会用上煮透的粗茶水。尽管这些料理看起来都不怎么好吃，不过由于它们香气迷人，所以还是蛮受世人喜爱的。在越后的高田地区，人们将由炒米和炒大豆煮成的米饭称为桶茶；而在骏河的志太郡，人们将调味过的炒饭也称为茶桶饭或茶点；在纪州的熊野等地，将炒米和地瓜共同蒸煮而成的米饭才叫茶桶饭。虽然远不及糖果或砂糖，但地瓜和黑豆中也有少许甜味，同时这些稀奇的食物也很适合与当时刚出现不久的茶水为伴。随着时代变迁，人们制作茶桶饭的目的也从最初的填饱肚子，进化为对味觉的追求，从这点来看，它和馅饼也有些相似。

即使在现在的农村，人们对砂糖的依赖程度也不高，据说有很多家庭是在二战时期接受政府配给的粮食之后才开始使用砂糖的。在我们这些现代人眼里，所谓的红豆馅不过是砂糖的集合体罢了，但在曾经的很长一段时间里，红豆馅中都是不含砂糖的。虽然我听说其中还有一些特殊原因，但总的来说，这是因为过去的人都比较重视自己的牙口，喜欢吃一些要在咀嚼后才能品尝出味道的食物，而现代人则更主要依赖舌头的触觉。虽然我没有提及“营养”一词，但在过去，从食物中获取能量才是人们吃饭的唯一目的，而现在人们却反而开始追求口舌之欢。特别是当糖类食品越来越容易入手之后，孩子们进食的次数也渐渐增多，其中还有人希望在茶点与茶点间增加新的零食，于是便有了将零食称为“下午三点茶”的说法。过去孩子们一年能吃到零食的日子屈指可数，而现在零食已经成为他们日常生活的一部分，这对孩子们而言无疑是一个重大的历史变迁。

十四、点心的历史

最后，我想顺便谈一谈点心的历史。点心在日语中写作“果子”，最初只是人们对于果实的称谓。柔软甘甜的果实有很多，比如梨、桃、杨梅和草莓等，但它们一般用不了几天就会腐烂，所以要想在一年四季都吃到这些果实，就必须将它们晒干之后储藏起来。而这些被晒干的果实最初只是为了给客人解闷而准备的食物，并非用于填饱肚子。一般家庭也只有在正月里才会吃这些东西，届时人们会将柿子干、榧果和剥过皮的梨子等曾经的点心（现在人们已经不会用“点心”来称呼这些食物了）和镜饼[12]一起摆放在三宝方盘[13]里。虽然海带、山药和薯蓣不是树木的果实，但在很早以前，人们就已经把它们也算在“果子”里了。另外，当时最受欢迎的是炒大豆和蚕豆，尽管我们小时候并不会称呼它们为“点心”，但当时村里的孩子们吃得最多的就是这些东西。

虽然很早以前在京都和其他大城市就已经有了点心店，但我听说最初那里只卖一些传统点心，也就是把树果、豆子、海带和山药经过调味之后做成的点心。后来随着砂糖的普及，便开始有店家利用砂糖做出了现在我们所说的“干点心”。不过在这段时间里，糯米丸子之类的食物也还没有被纳入“点心”的范畴中。当时，住在上方[14]以西的孩子们都没有听说过“湿点心[15]”和“蒸点心”。看到“糕点[16]”一词，人们也会主动将它们拆开，认为这是一种将“年糕”和“点心”分别摆放出来的料理。经过很长

12◎镜饼：日本新年时用以祭祀神灵的年糕，一般由一大一小的两个圆盘状年糕相叠而成。

13◎三宝方盘：祭祀神灵时用于摆放食物的木台，上下分别由方盘和四方形的木筒组成，由于木筒的三个侧面各有一个元宝状的孔，故被称作“三宝方盘”。

14◎上方：以大阪、京都为中心的畿内的名称，也指畿内为中心的近畿地方一带。

15◎湿点心：水分较多的和式点心，以带馅类点心为主。

16◎糕点：特指以糯米为原料制成的点心。

一段时间之后，点心在人们的观念中才成为了一种不必咬碎即可食用的柔软食物。

就在一百年前，日本人还在用“茶子”来称呼现在的“湿点心”，虽然平日里与茶搭配的茶点多是食盐和梅干，但到了特殊的日子，人们就会端出一些精心准备的名为“茶子”的茶点，所以现在也有一些上了年纪的老人还记得这一称呼。因为茶点终究不是用来填饱肚子的食物，所以分量有限，于是人们就开始想方设法地在茶点的味道上做文章，比如往里加入一些甜味。不过，直到今天，农村里依然保留着一些完全没有甜味，甚至可以说有些难吃的茶点。现在，从初春至入夏的这一段时间，农家的青年男女一离开床铺，就会带上镰刀，牵着马匹进山割草，但在出门之前，他们一般会先将昨晚放入地火炉中烤的丸子从灰烬中挖出来，再吹吹气，拂去丸子表面的灰尘，然后一边啃着丸子一边向山中进发。等工作告一段落之后，他们才会回家吃一顿正式的早餐。这个丸子有甜瓜那么大，一般由荞麦粉或稗粉做成，在给大米脱壳的时候，人们偶尔也会将剩余的稻壳屑磨成粉，制成丸子。因为人们在做这些丸子的时候一般连盐都不会放，所以它们的味道绝对称不上好吃，但年轻人都很乐于用它来填饱肚子。另外，大多数地方的人，都称这些丸子为“茶子”，也就是说，这种原先需要和茶成双成对地出现的茶子，渐渐地摆脱了原有的束缚，开始单独地出现在了人们的饮食生活中。

十五、迟来的早餐

事实上，我总是无法说服自己去尝一尝这个如甜瓜般大的“茶子”，当我向其他人说起此事时，一些来自东京的人显得非常诧异，甚至嘲笑说“怎么乡下人早上还要吃这么古怪的东西”，这就是现代人对历史的遗忘。尽管在江户这样的大城市，人们没有去割草的必要，但江户人依旧会在早上食用茶子，因为在当地的惯用语中，当我们要表示“某件事做起来轻而易举，不费吹灰之力”时，既可以说这件事是“朝饭前”，也可以说这件事是“茶子[17]”，也就是说，“朝饭前”和“茶子”具有同样的含义，茶子就是先于早餐的食物。这是因为曾经江户人在开始工作之前，也要吃一些茶子消除饥饿，等工作了一段时间之后，才会正式开始食用早餐。尽管现在的东京人似乎已经忘记了这段历史，但这个习俗依旧作为惯用语流传了下来。据《宝历现来集》记载，在距今一百六十年前的安永年间，每天早上卖点心的商人都会一边吆喝着“卖茶子！卖茶子咯！”一边绕着江户城满城转悠。当时的茶子和我们现在吃的莺糕[18]差不多，是一种表面撒有黄豆粉的夹心糯米糕。据说在忙

17◎茶子：类似汉语中的“小菜一碟”。

18◎莺糕：也称“莺饼”，是一种表面撒有双青豆粉的夹心糯米糕。因为在制作糯米糕时，人们会先将其揉成椭圆形，再向左右拉伸，使其形状酷似日本树莺，因而被木下秀吉命名为“莺饼”。

碌时，人们就会买来茶子搭配早茶，然后就不吃早饭了。除了起早贪黑的农民之外，普通人根本没有必要在吃完茶子之后再吃早餐，然后才终于开始准备午饭。就像法国人，他们醒来之后首先会喝一杯咖啡，啃几口面包，等他们开始吃早餐（尽管用餐时间在上午十一点，但形容这顿饭的单词在法语中的确是“早餐”的意思）的时候，通常已经是上午的十一点，离正午只有一个小时。在日本农村的部分地区，人们的早饭是前一天的剩饭或其他非常简易的食物，而午饭也来得很早，有时候刚过十点人们就要开始吃午饭了。我也不知道到底应该将它称作午饭，还是迟来的早饭。这一定是因为当地人将早饭称为茶子，而十点吃的“午饭”才是真正意义上的早饭。另一方面，在东北的部分地区，当地人依旧将午饭看作在户外吃的零食，因此当地人的早饭来得也更迟，分量也更多。并非所有日本人每天都会默默地准备一日三餐，哪怕在大城市里也只有不到一半的人能够坚持一日三餐的饮食生活。因为减餐并不意味着减少摄入量，所以一日两餐也未必能够达到节省伙食费的效果，但只要恢复一日两餐的饮食习惯，我们就能节约不少时间和精力，同时也能再次体验到古人的刚健生活。

不过，恢复一日两餐的生活之后，势必会有许多老人和小孩因为嘴巴空空而感到空虚，对此我只能深表遗憾，但如果在动荡的年代，我相信老人们也会选择忍耐，而孩子们则需要在父母的监督下养成少吃零食的习惯，说不定将来有一天，他们还要跟砂糖的甜味说再见。但在二三十年前，孩子们吃的零食可是太多太多了，这也要怪大人增加了喝茶和吃甜品的次数。像“间食”“小间食”这类由中间的“间”字引申而来的词语，最初都用来指代零食，然后人们又更进一步地创造出了“零食与零食之间的零食”的叫法，比如中国地区的“莲蓬食”，九州各地的“夹食”，中部地区的“小饵”或“小间口”，在近畿地区，不知出于什么原因，人们会称之为“宝石”或“哄食”，还有人称之为“诱饵”。由此可见，这个“哄食”应该也是用来哄小孩开心的食物。而越后至北信地区则将其称为“消遣”，听起来像是比较古老的称呼。而在我出生的村子里，根本没有什么下午两点茶或下午三点茶的叫法，孩子们一般称之为“啥都要”，这和东京的“全都要”语出同源，都是从“只要是吃的，我全都要”中诞生的固定用法。当年我们就是在“啥都要”“啥都要”的连声呼喊中慢慢成长起来的，与那时相比，当今社会已经发生了翻天覆地的变化。

第二辑※食之味

早已超越了美味的范畴，我们应该称之为令人走火入魔的『魔味』。

接下来我们应该如何形容鳟鱼肉入口即化的柔软味觉呢？美味？鲜味？不，这鲜香浓郁的味道

河豚——吉川英治

如果一个人吃起河豚总是战战兢兢的，

那么他一定无法体会到河豚的真正美味。

从前年到去年，去年到今年，每年冬天东京都要新增不少新鲜玩意儿，其中就包括河豚料理。当冬雪染白了街灯，河豚料理店的招牌也给美食街增添了一丝略带洒脱的庶民之味。

即便到了现在，仍有一些地方遵照当地行政指令："禁止贩卖河豚料理。"听说东京也是最近几年才解除了这一限制。我第一次品尝河豚料理是在六七年前，我们一群人打算共同出一本杂志，计划聚在新桥大竹共作商榷，谁知到那儿之后，三上[1]、大佛、佐佐木和直木等人却将杂志的事情抛在一边，始终沉溺于佳肴、美酒和舞伎的怀抱中，而当时被摆在酒席中央的，则正是如同紫阳花一般的河豚肉拼盘，我想这大概是直木的喜好。

当晚，尽管我已明言拒绝，但三上于菟吉还是把鳍酒[2]灌到了我的嘴里，不过这酒的口感倒是不错。由于平日里光

1◎三上于菟吉（1891—1944）：日本小说家、编剧。大众文学流行作家，活跃期因其作品风格而被称为"日本的巴尔扎克"。

2◎鳍酒：一种日本特有的酒，将鱼鳍（通常是三文鱼或河豚的鱼鳍）割下小火烧烤片刻之后浸泡在清酒中饮用。

是瞧见日本酒就要起几分醉意的我，那天晚上在不觉中喝下了两三杯酒，所以在回家路上犯下了一些过错，所谓“君子之过，人皆见之”，因此后来的一年，我都在旅行中度过，但问题绝非因于菟吉而起，而应该和我的河豚中毒有关。

虽然河豚中毒会对我们的行为产生很多影响，但我向来不相信所谓“中毒后三十分钟就会毒发身亡”的危言耸听，害怕河豚的人，恐怕也不敢乘坐汽车在东京晃悠吧。据说以前头山满老先生一听闻餐桌上有河豚料理，便立马起身朝着它撒一泡尿，但与那时相比，人们料理河豚的科学技术已经进步了不少，吃河豚中毒的危险率也大大降低，所以它也不再被人们视为禁忌。

在以前的长州藩[3]制度中，有一条严格的规定，如果武士因食河豚而死，就要被没收俸禄、断绝家名[4]。所以萩藩和山口藩[5]的藩士们在吃河豚的时候，不仅要冒着生命危险，还要赌上家族的名誉和安危。也可能是因为这一规定的存在，大多数河豚的料理方法都是从这个时候开始发展

3◎长州藩：以毛利氏为藩主，拥有相当于现在山口县的两个国防长州（周防国、长门国）的藩。有长府藩、德山藩、清末藩、岩国藩的支藩。长州藩在幕府末期成为倒幕运动的中心，在明治时期的藩阀政治中，长州藩出身的人在政府中拥有很大的支配力（长州阀）。

4◎断绝家名：剥夺武士原有的身份和地位，令家族改姓，并没收其领地，遣散其家臣。

5◎萩藩和山口藩均为长州藩的别称，在长州藩成立最初的250年间，藩厅（藩的行政中心）被设立在山口县的萩市，因此人们将该时期的长州藩称为萩藩。此后由于长州藩的藩厅由萩市迁移至山口县山口市，所以人们又将这一时期的长州藩称为山口藩。

起来的。时至今日，萩市的河豚党们仍以河豚料理之源流自居，并认为下关市之所以被称为河豚料理的发源地，也不过是因为得益于好食河豚的伊藤博文、山县有朋和井上馨等维新元勋在下关对自家河豚的鼓吹，以及明治以后下关地区的地理条件优势罢了。

据说山阴地区的冬季也盛行河豚料理，而在出云市大社町一带的旅馆里也同样能吃到河豚，不过这些产自日本海一侧的河豚我都没有尝过，据说这边的河豚属于“紫色多纪鱼鲀”，似乎不是特别好吃。不过，金泽的豆渣拌河豚经烘焙而成，为人们所珍重。而萩市的腌樱花拌河豚则要放入火中烧烤入味，味道远不如由河豚做成的生鱼片或河豚火锅。

今年冬天居住在别府的半个月里，每晚我都要乐此不疲地与河豚料理打交道。这里的河豚不仅味道好，在食材搭配上也是趣味横生，十分精致，和最近出现在东京的河豚料理简直有着天壤之别。最令我感到温暖的，莫过于冬夜在火锅里咕噜作响的白嫩肝脏和青翠的茼蒿。

如果没有那与黄橙醋[6]交相辉映的细香葱和与白雪皑皑的冬季格格不入的青翠茼蒿，恐怕我根本不会对河豚产生食欲吧。

东京的蔬果店里虽然有茼蒿，但没有最重要的细香葱。

6◎黄橙醋：由橙子榨出的橙汁，具有少许苦味和芳香，为醋的代用品。

前段时间，岩崎荣打电话告诉我说，晚上他要带河豚来我家，让我准备一些蔬菜作为佐料。我说报社的人送来的河豚与麻烦无异，严词拒绝了他的请求。他倒是不服气，让我看过实物之后再作评价。没过多久，只见他提来了一个焊着马口铁的木箱，里里外外一共三层，第二层塞满了冰块，听岩崎说这是一个朋友送来的礼物，刚从下关运来。箱子里不仅有河豚肉，还装有茼蒿、细香葱和萝卜丝，看上去还具有几分艺术气息。这时刚好来了几个客人，于是我们五六人便开始一同享用这一河豚大餐，不过光靠原有的蔬菜似乎不够我们五六个人吃的，于是我便吩咐女佣去买些蔬菜回来，结果茼蒿倒是没问题，但细香葱就完全不行了。女佣买来的细香葱其实是分葱[7]，虽然外表相似，但内在完全不同，首先，分葱没有细香葱特有的香味；其次，当我们用虎牙咀嚼分葱花时，也没有如针刺一般的轻微刺激感。

最令我感到困扰的是，往后的冬天，只要吃上一次河豚我便会沉溺其中，久久不能自拔。看到街道为皑皑白雪覆盖，我便想起河豚。看到路边闪烁的街灯，我便思恋起河豚的味道。像佐久间象山或大隈重信这样的河豚狂热者甚至认为那种一流河豚料理店中干净得近似于洁癖的河豚料理不能给人一种“吃过”的实感，所以他们反倒经常会

7◎分葱：葱与洋葱杂交而成的小型葱的变种之一，而细香葱则是虾夷葱的变种。

光顾一些偏僻且来路不明的关东煮铺子或兼业的河豚料理店。还有一些河豚狂热者会专挑一些味道淡的近海虎河豚来吃，并且非常享受回家路上嘴唇如中风般痉挛的感觉。

从分析学的层面上看，河豚的毒素主要存在于其卵巢中，而河豚的肉和血液则几乎不含有毒素，不过我听说买来之后被放置几天的老河豚最具毒性。另外，虽然还没有学者发表相关论文提供证据，但据大隈先生所说，寄生在河豚鳍下或腹部的微小寄生虫也带有很强的毒素，河豚料理人称这些寄生虫为“蝴蝶”，一开始我还不太理解，后来当我看到被抓到瓶中的实物时才豁然开朗——这些寄生虫仅有米粒大小，外形的确与蝴蝶相似。据说在普通河豚和虎河豚身上都能找到这种寄生虫，因为栖身于河豚鳍下的寄生虫颜色都与鱼鳍相同，栖身于河豚腹部的寄生虫也与腹部同色，所以我们如果不仔细观察就很难发现它们的存在。

《大草家料理书》[8]记载道：“在做河豚汤时，切勿以莽草或古旧的煤炭生火。”在《古事类苑》[9]和其他各种词典里也可以看到对这一记述的转载，但我一直不明白其中

8◎《大草家料理书》：大草流代代相传的料理文书，原典著作时间不详，该书主要介绍了日本室町時代的料理文化，内含与料理、宴会相关的杂记65篇，其中既有具体的料理方法，又包含了日本古代特有的一些礼仪制度。大草流创始人是足利将军家的御用料理人大草三郎左卫门公次。

9◎《古事类苑》：日本明治时代编修的一部类书，各条目的编辑是引用自明治时代以前的各类文献。这是日本最接近现代百科全书性质的类书，也是日本最大的一部类书。

的原因。

据说苏东坡吃的也非河豚的生鱼片，而是河豚汤。在江户时代的料理书中也看不到生鱼片的影子。听说在关东大地震前流行于人形町的“潮骚”火锅，也得名于一种名叫“潮骚”的河豚。江户人还给河豚起了“火绳枪”的异名，因为河豚毒和火绳枪的子弹一样“一击毙命”；而铫子等地的渔夫们则将它称为“彩票”，因为吃河豚中毒的概率就和中彩票的概率一样低。

自古以来，有很多经过口述流传下来的对付河豚中毒的应急措施，比如《松屋笔记》[10]中就曾记载，如果吃河豚中毒，可以采取啃咬栀子果催吐、喝黑糖泡开水、喝大量盐水汤、服用经过开水滚熟的樟脑丸等措施应急。时至今日，市面上依然流传着各种关于河豚中毒的预防方法或应对方法，比如“和茄子一起吃就不会中毒”，或是“中毒后只要被活埋在土里就能痊愈”，而清水次郎长[11]和福柳伊三郎[12]就是这“活埋法”的践行者。

我听下关地区的旅店老板娘说，她基本不会过多地处理河豚，通常从鱼铺买来之后拿到厨房用水涮一涮，就会端给旅客们吃了。如果一个外行人在家里也这样做，出了

10◎《松屋笔记》：江户后期的随笔，作者为小山田与清，书中多是对古今书物记载的考证和评论。

11◎清水次郎长：幕府末期、明治初期的侠客、赌徒和实业家，原名三本长五郎。

12◎福柳伊三郎：明治时期的相扑力士，死于河豚中毒。

事之后保险公司说不定会认为他是准备自杀。

俳句诗人青木月斗，文坛的久米正雄、永井龙男、三上于菟吉和女演员山路文子都喜欢吃河豚。听说在日本的实业家里也有不少河豚的狂热爱好者。出人意料的是，哪怕是初见河豚，女人们通常也能够毫不犹豫地把它放入口中，可能是因为她们觉得若丈夫吃而自己不吃，会有损自身的贞节。不过，如果一个人吃起河豚总是战战兢兢的，那么他一定无法体会到河豚的真正美味，因为他很有可能像囫囵吞枣一样不加咀嚼就将河豚肉吞入腹中，所以，只有吃过四次乃至于五次河豚之后，我们才能尝出它真正的味道。而达到这个境界之后，我又有些迫不及待地想要让我的家人、我的朋友也了解河豚的鲜美，我也非常清楚，自己这样做其实是不对的，因为无论料理技术有了多大进步，河豚终究是一种毒鱼，以至于《秋里随笔》在介绍完鞆之浦有名的河豚汤之后，还在末尾加上了这样一句训诫之言：“但，侍主亲者切勿食之，否则将背负不忠不孝之骂名，且有损其人品。”

尽管我对河豚已经十分熟悉，但想到它会“损其人品”，我又有些害怕。看来我应该像偷情的情夫一样，谨慎小心地在河豚身上寻求慰藉。听说坐渔庄的庄主西园寺公望[13]对河豚也甚是喜欢，如果它能在寒冷的冬夜为国家元老带来温暖，那么我们甚至可以说河豚是能够影响国力的食物，如果它不含毒素就更加完美了……但这终究只是隐居之人的贪念，每当什锦火锅中的茼蒿开始泛红，我的脑海里总要浮现出一些不切实际的妄想。

13◎西园寺公望（1849—1940）：日本明治时代政治家、军事家，日本前内阁总理大臣及枢密院议长。

曼陀罗花

八月瓜——片山广子

但那甜中带苦的味道，

以及流淌在席间的，

葡萄酒与水果的浓厚芬芳依旧令我记忆犹新。

邻居家的院子里第一次长出了八月瓜，托他的福我也分得了不少。与我住在同一屋檐下的山形县人H总说八月瓜的皮比里头的果肉好吃，还说在处理八月瓜的瓜皮时，要先将瓜皮置于阴凉处四五天直至晾干，然后将它剁碎放入油锅中爆炒，最后将爆炒过的碎瓜皮浸在酱油中用小火红烧。所谓百闻不如一见，因此一拿到邻居送来的八月瓜，我就立刻请他做了一份瓜皮料理。果然如他所说，这瓜皮的味道十分稀罕，甜中带着少许苦涩，嚼起来十分柔软，还散发着一种大自然的气息。

在做荔枝料理的时候，也可以先炒后炖，这样做出来的荔枝也是甜中带苦，柔软弹嫩，而且味道更为复杂，颇具中华料理之风味。不过从荔枝赤中带黄且满是疙瘩的外形上看，它的原产地大概不是日本，而是南洋。过去，母亲非常喜欢吃我做的荔枝料理，后来我嫁到大森之后，也时不时会做一些荔枝料理来吃（因为我的婆家人似乎并不喜欢有苦味的食物，所以基本上我都是独自享用）。这些年来，我再也没在别人家的院子里看到过长成的荔枝，而现在吃起爆炒八月瓜之后，我脑海中关于夏日荔枝的记忆又被再次唤醒了。

早春时节的款冬花茎也有些苦，而且它的苦味在上述三种材料中可以排到第一，所以唯独在处理款冬花茎的时候我不会把它放入油锅爆炒，而是直接把它放入锅中炖煮，并加入少许砂糖，这样做出来的款冬花茎味道也无比淡雅。年轻时，我曾和朋友们共同交流对款冬花茎的喜恶，当时有个江户朋友说道："只有性格恶劣之人才会喜欢款冬花茎。"

"可我这样性格善良的人也喜欢款冬花茎呀。"我反驳道。

她则轻描淡写地回答道："你是例外。"

虽然算不上性格恶劣，但我的性情的确有些乖僻，现在看来，这位朋友的话似乎确实有几分道理。

很久以前，在池上的近山处有一座尼姑庵，其庭院中种满了款冬花，每到春天，新长出的款冬花茎都会将尼姑庵的庭院打扮得白茫茫的，每当我透过篱笆窥探庭院中的景色时，脑海里都会冒出一个猜想——"这里的尼姑们一定每天都能吃到款冬或款冬花茎吧"。我已经好几年没有去过那里了，就算尼姑庵和庭院依旧在，款冬花也可能早已没了踪影。

刺五加的新芽似乎也很美味。刺五加是一种灌木，经常被人们用来做灌木篱笆。武藏野的北边大概也有这种树，但我还没有亲眼见到过，对它的味道也是一无所知。不过我听说刺五加有一种夏日山林的清香，并稍稍带些苦味，适合和芝麻一起做成凉拌菜。另外，虽然不像刺五加那样带有苦味，枸杞叶也有一种喜人的香气，很适合用来做什锦饭，而且，如果你用食盐来替代酱油，那么白绿相间的色泽搭配就会使什锦饭看上去更为美观。过去，在我老家北边的悬崖上就生长着一片茂密的枸杞灌木丛，每到准备晚饭时，我们总会去那里摘些枸杞回来。枸杞的红色果实看起来十分漂亮，不过我早已忘记它究竟是什么味道了。

土当归也有一股淡淡的苦味和山林的芬芳，它既适合用来凉拌，也适合用来煮汤，不过，人工栽培的土当归没有野生土当归的那种细腻而浓郁的味道。我听那些早上经常吃面包的人说，当他们生吃只撒了点盐的土当归时，真的尝到了春天的味道。多年前的一个春天，我也曾将土当归和湿蘑菇与牛眼青鲑的幼崽做成甘辣炖菜，然后配上白花花的米饭一起食用。

尽管不属于野草野菜的范畴，但我们每天喝的茶也同时具备清香和苦味。无论是浓茶还是淡茶，如果茶里没有那甘甜的香气和淡淡的苦味，那么茶道也将不复存在了吧。另外，只有香气而没有苦味的焙茶和番茶虽然看起来有些缺憾，却也不失为一种温暖馥郁的饮品。如果我们无力每天都品尝像咖啡这样带有浓厚香味的饮品，或是当我们肠胃不好时，就可以喝一杯热乎乎的浓焙茶代替咖啡，至少它可以让我们的喉咙稍微感觉舒适一些。虽然各位可能觉得我在贬低焙茶和番茶，但比起那因反复煎沏而寡淡无味的煎茶，焙茶和番茶不知要美味上多少倍。不过这一定是我们这些对食物过分讲究的关东人才会有的想法。那些在质朴的古风家庭中长大的人才不会在乎客人喉咙的感受，只会一次又一次地将那不温不火、寡淡无味的煎茶倒给客人罢了。自古以来，沏茶就是日本人接待客人时的款待方式之一，由家中女主人亲自为客人沏出的茶，想必定是极为隆重的款待吧。虽然我不清楚煎茶道的具体仪式，但它至少不会是“反复煎煮”。二战后的日本百般衰颓，这一周到细致的款待方式也终于退出了历史的舞台，着实令人欣慰。——我之所以会这样喋喋不休地抱怨，大概是因为煎茶也是我的痛苦回忆之一吧。

某位美国夫人邀请我们这些弟子共进午餐时，她将剥好的柚子置于玻璃盘上，倒上白砂糖和葡萄酒，然后告诉我们这就是前菜。虽然那时的记忆已因岁月的擦拭而日渐模糊，但那甜中带苦的味道，以及流淌在席间的、葡萄酒与水果的浓厚芬芳依旧令我记忆犹新。

荨麻

杂煮*

——冈本加乃子

当我端起盛着杂煮的略带乡村气息的稀罕木碗时，

便仿佛置身于山阴道那优雅闲适的山水之间。

* ◎杂煮：经过酱油或味噌等调味料调味过的年糕汤。

明治维新之后，尽管从江户大名的御用商人变为东京近郊的地主，但我们家仍保留着一些维新前的遗风。

时至今日，在面对附近几十间以“伊吕波之歌”[1]为序建成的仓库的管理人及其手下的男女佣，还有大奥府的近百名女官时，东京下町问屋的老主人们仍然带着一种居高临下的态度。在我们家，每逢新年父亲也总会和下人们一同享用杂煮。他严肃地坐在桌前，整了整自己带有家徽的和服外套的衣领，随后拿起了他的由白色木材制成的筷子，坐在一旁的长子和幺女也照着父亲有样学样地整理起了自己的衣襟。杂煮的做法是将中等大小的四方形烤年糕浸泡在装有萝卜、芋头和小松菜的清汤里，它那清爽的口感自幼年时起就被深深地印在了我们的舌尖，于是我们把副菜的鲷鱼汤抛在一边，将这杂煮反复地装了一碗又一碗。在我的印象中，只有长辈们用的杂煮碗是大号的，上面还绘

1◎“伊吕波之歌”：即《伊吕波歌》，日本平安时代的和歌，以七五调格律写成，一般认为其内容是在歌颂佛教的无常观。全文以47个不重复的假名组成，因此可视为全字母句。

有光琳风格[2]的花纹。

即便在嫁到城里之后，我依旧对这杂煮念念不忘。我的丈夫虽然生长在大都市，但他们家的先祖是关西人，按照惯例，正月要么吃鹬千鸟杂煮，要么吃白味噌[3]杂煮。前者让我觉得腥不可闻，后者则有些腻人。而丈夫也拗不过任性的我，只得苦笑着吃下了我喜欢的杂煮，不过很快他就完全习惯了这陌生杂煮的味道。几年后的年底，出自山阴名门望族的兄弟二人被寄养到我们家，于是从年底开始，他们便兴奋地讨论起了正月的计划。

“这样的杂煮好没意思。”兄弟二人看着我的杂煮批判道。

面对一脸不服的我，兄弟二人只是淡泊地笑了笑，说要让我们瞧一瞧何谓“山阴杂煮”。

除夕夜当晚，兄弟二人吩咐人从山阴老家送来的圆年糕被装在柑橘箱里送到了我们家。这些圆年糕个个都有柑橘大小，上面撒满了生淀粉，其外表如蜂蜜般富有光泽，质地如同蚕丝般充满黏着力，只要稍微烤一烤就会散发出浓郁的香气。不过，在做杂煮的时候，年糕是要放入汤中熬煮的。兄弟二人先用上好的鲣鱼片熬出浓汤，再将更为

2◎光琳风格：光琳即尾形光琳，日本的工艺美术家，“琳派”之始祖。其作风既带有写生风格，又超越了写生，以流丽的曲线和潇洒的色彩孕育出了其独特的装饰美。

3◎白味噌：以米、大豆和盐为原材料的味噌，特点是米曲的含量高，味道较甜。

浓厚的如同花瓣般的鲣鱼片攒在被浓汤烫得圆滚滚的年糕上，然后分别用排列整齐的芹菜和油菜之青翠、如丝线般细致的蛋卷之金黄和紧致有弹性的鱼糕之洁白将杂煮点缀得色彩斑斓，富有诗意。当我端起盛着杂煮的略带乡村气息的稀罕木碗时，便仿佛置身于山阴道那优雅闲适的山水之间，眼前浮现出一幅河流清澈、泉水饱满、翠松如同贴画一般重叠在山峦之间的素朴而浓艳的山阴风景。

兄弟中的哥哥潇洒开朗而略显孤傲，弟弟虽然有些愚钝，但性情温和却也不失锐气。只能说兄弟二人都不愧为名门之子，举止端庄稳重，待人亲近而绝不狎昵。那一年的大年初一，灿烂的晨光涌入门窗大开的和室，将榻榻米染成了朝阳的颜色，插在大花瓶中的南天竹上，一颗颗通红的果实在阳光下显得清澈而透亮。

山椒鱼——北大路鲁山人

不管一种食材多么的珍贵，

如果味道不好，

那么它也称不上珍味。

让我来向你介绍一种不同寻常的食物。

这些年来，我可以算是吃遍了大江南北，也见过了各种稀奇的食物，但这些食物大多都不是特别好吃。

如果有人问我“有什么食物既稀奇又美味”，那我一定会回答“山椒鱼”。

虽然山椒鱼的味道绝对算不上稀奇，但大家都知道，山椒鱼在日本属于被禁止捕捞的保护动物，所以人们很难有机会品尝到它的味道，从这点上看，山椒鱼毫无疑问可以称得上是“珍味”。

但我并不是因为山椒鱼珍稀就称之为“珍味”，不管一种食材多么的珍贵，如果味道不好，那么它也称不上珍味。这世上有太多珍贵但不好吃的东西了，所以只有既珍贵又美味的山椒鱼，才称得上名副其实的“珍味”。

很久以前，原明治座对面的八新寿司店老板向我讲述他料理山椒鱼的经历时，诚惶诚恐地讲述道——

“在杀山椒鱼的时候，需要用研磨棒对准它的头重重敲上一记，随后它就会在咕咕的悲鸣声中死去，但那悲鸣声着实有种说不出的诡异。”

《酉阳杂俎》中提到“峡中人食鲵鱼，缚于树上鞭之，身上白汗出，如构汁，去之方可食”，其中“鲵鱼”指的就是山椒鱼。第一次料理山椒鱼的时候，我就想起了这个故事，也效仿了文中提到的方法。

那是在关东大地震发生之前的事情了，时任水产讲习所所长的伊谷二郎正好手头有三条山椒鱼，就把其中一条作为礼物赠送于我。那条山椒鱼的身长在两尺左右，乍一看它的外形有几分奇特，皮肤也令人毛骨悚然，不过把它放到砧板上之后，它看起来就没有那么恶心了，至少要比癞蛤蟆好上不少。

照八新寿司店老板所说，只要给山椒鱼的头部敲上一棒，它就会立马死掉，待我们剖开它的肚皮之后，就会有一股山椒的味道扑面而来。出人意料的是，山椒鱼的腹中十分整洁，肉也极为漂亮，这一定是因为它原先生活在山清水秀的自然环境中。不仅如此，随着我切下一块块山椒鱼肉，山椒的浓郁芬芳也迅速地从厨房蔓延到整个屋子，也许这就是山椒鱼名字的由来吧。

紧接着，我按照煮甲鱼的方法把切好的大块鱼肉放入锅中熬煮，但总是无法把肉煮开，不仅煮不开，还越煮越硬了。之后我继续煮了两三个小时，可它仍没有变软的迹象，依旧是硬邦邦的。

之后我熬了很久，才把肉块熬成了牙齿能够承受的硬度，它的肉嚼起来就像上等甲鱼，十分爽口，汤汁也非常鲜美。

要我说，山椒鱼的味道就像甲鱼和河豚的混合体。虽然甲鱼也十分鲜美，但它身上会有一股奇怪的味道。而山椒鱼就像脱去臭味的甲鱼，味道清新而淡雅。

初尝山椒鱼，它的味道让我久久不能忘怀，而第二天再尝山椒鱼时，我惊讶地发现它的味道竟然比前一天更胜一筹。谁曾想只需要放凉一宿，这经过长时间熬煮也不改变其坚硬肉质的“顽固分子”竟然能够变得如此柔软嫩滑。除此之外，山椒鱼的皮也变得松软可口，其汤汁的风味也有了质的提升。

在这之后，我几乎没什么机会吃到山椒鱼。不过后来我偶然知道东京日本桥的山城屋刚进了三条从山阴地区运来的山椒鱼，便立马去那里买了一条，并按照之前的步骤再料理了一遍，不过这条山椒鱼要比之前的长上两尺有余呢。

于是我就邀请了之前送我山椒鱼的伊谷先生、东京美术学校的正木直彦先生等十余位对此珍味感兴趣的客人前来一同品尝，不过这次山椒鱼的肉也同上次一样，十分顽固，久久不能煮软。因为好奇心旺盛的客人们还想一睹我的料理过程，所以他们挤在厨房里等了好一阵子才得以大快朵颐。不过，尽管让他们等了很久，这肉质依然不尽如人意，但他们好像全然不在乎，反倒对山椒鱼的美味赞不绝口，纷纷喊着“再来一碗”“再来一碗”。不过这一次果然也是隔天的山椒鱼要更为美味。

我和山椒鱼的第三次邂逅是在我的镰仓家中。那时出云村的人送了我一条据说是他在山口县的深山中抓到的山椒鱼，听他说当地人经常以山椒鱼为食，所以山椒鱼料理对他们而言也并不稀奇。

他还说当地人只要在山间小道发现了山椒鱼，就会当场把它烤来吃，看来山椒鱼还会主动往山上跑啊。话说回来，这一次我宴请了当时大阪的一流古董绅商，尽管这些古董商人个个见多识广，无所不知，但他们之中居然也无人知晓这山椒鱼的味道，由此看来，山椒鱼还是称得上“珍味”的。

以下是我料理山椒鱼的大致方法，仅供各位参考。首先，我们要除去山椒鱼的内脏，然后用盐搓去其皮肤上的黏液，再用清水冲洗。随后用盐反复揉净山椒鱼肉，并再次用清水冲洗。将肉切成块时，要将厚度控制在9至12毫米，最后往汤中加入料酒、生姜和葱，慢慢炖煮。

山椒鱼不仅肉质鲜美，它厚厚的富含胶原蛋白的表皮也十分可口，就像甲鱼的裙边一样，但山椒鱼的皮要更有嚼劲。

我在上文中提到，剖开山椒鱼腹时，会有山椒的香味扑面而来，但这种香味会在山椒鱼入锅后渐渐消逝。

对了，我在镰仓做这道菜的时候，还是没能把山椒鱼的肉完全煮软。

从我这几次失败的教训来看，如果你准备将山椒鱼作为晚餐，那么最好从早上开始煮。

还有人说“在处理山椒鱼时，最好先将其装入笼中，浇以滚烫的开水致其死亡，然后剥去它的表皮，再把它的肉切成块”，这听起来好像有几分道理，但其实非常不合理。

顺带一提，去年我去松江朋友家做客时，偶然入手了三条山椒鱼，便和朋友们饱餐了一顿。当时开寿司屋的九兵卫也在，他是一位极为勤勉好学的寿司匠人，出于他的强烈自荐，我便将主刀的任务交给了他。

毕竟这山椒鱼外形奇特，就连性格豪迈的九兵卫最初见到它时也被吓得直哆嗦，不过后来他终于稳下心，依照我教他的方法料理了这三条山椒鱼。

我还记得当时，山椒的芳香传到了客厅，为他的料理增添了不少韵味。

魔味洗心——佐藤垢石

之后我们只要夹起一片放入口中，
生鱼片的味觉冲击便会如电流般迅速地从舌尖蔓延至舌根，
为我们带来至高无上的快感。

前几天，邻村的嘉平老先生在利根川捡到了一只蜂鳟。这事听来稀奇，鱼不是用钓的吗？怎么是捡呢？但在利根川，捡到鱼并不是什么新鲜事。

所谓蜂鳟，指的是吃完蜜蜂之后眼珠子直滴溜的鳟鱼。因为鳟科的鱼类非常喜欢有翅昆虫，利根川的鳟鱼也不例外，所以它们只要看到有蝴蝶、牛虻或者蜻蜓靠近水面，就会立刻从水中一跃而起，并一口气将猎物吞入腹中。

如果被鳟鱼吞入腹中的是蜻蜓或者牛虻，那么它们很快就会死去，但要是碰上蜂类就没这么简单了，有时候鳟鱼还要因此而倒大霉。

如果是马蜂或蜜蜂，那它们很快就会死在鳟鱼腹中，但要是个头较大的熊蜂，就没那么容易死去了。它会在鳟鱼的胃里横冲直撞，并用自己尖锐且含有剧毒的毒针疯狂地刺向鳟鱼的胃壁。不管是多大的鳟鱼，都难以承受这一番折腾。

熊蜂的毒素用不了多久就会蔓延至鳟鱼全身，使其进入昏迷状态。于是一些不幸的鳟鱼就在毫无知觉的情况下从上游被冲到下游，最后搁浅在岸边，被过路人捡起。对已经昏厥了的鳟鱼来说，这无疑是雪上加霜。

话说回来，嘉平老先生捡到的蜂鳟重约960钱[1]，也算个大家伙了。它在半死不活的昏迷状态下被冲到了上新田的雷电川下游河畔边，目前还没有完全死亡，所以它的肉质还是值得期待的。

上州[2]最不缺的就是美食，各类山珍野味海鲜应有尽有，其中最具代表性的，就是我们上州的鳟鱼。

乘着北冰洋寒流驶向太平洋的鳟鱼在抵达日本后，又会分别朝着铫子、香取、取手、权现堂、妻沼和本庄方向逆流而上，等到三月中旬，我们就已经可以在上新田雷电神社附近的利根川激流里看见它们的身影了。

鳟鱼在六、七、八、九这四个月里最为鲜美，由于四、五两月时的鳟鱼缺乏脂肪，还不够肥美，所以在味道上要逊色于入夏之后的鳟鱼。再往后的十至十一月就是鳟鱼的产卵期，这段时间它们全身的脂肪都会被生殖腺所吸收，味道也大不如前。

在夏季至初秋这段时间，鳟鱼的脂肪雪白而细腻，将鳟鱼全身都染成了一片高雅的淡红色，所谓“魔味”，指的就是鳟鱼的肉肤吧。

鳟鱼的料理方式也多种多样，我们可以把它做成生鱼

1◎960钱：约相当于现在的3.6千克。
2◎上州：日本古代的令制国之一，属东山道，又称上野国。上野国的领域大约为现在的群马县。

片、盐烤鱼、照烧[3]鱼、清鱼汤、甘煮[4]等各种料理。接下来我们应该如何形容鳟鱼肉入口即化的柔软味觉呢？美味？鲜味？不，这鲜香浓郁的味道早已超越了美味的范畴，我们应该称之为令人走火入魔的“魔味”。

只有三四百钱重的小鳟鱼还算不上真正的美味，等它长到七八百，甚至一千五六百钱重时，才称得上极品中的极品。人们常说，只要吃上一口鳟鱼肉，三年前的老伤口都要兴奋得再次迸裂开来，可想而知鳟鱼在人们心中具有多高的地位。顺带一提，比起产自前桥利根川中游的鳟鱼，还是北群马郡和利根郡内的鳟鱼更为肥美。

除了鳟鱼之外，利根川的杜父鱼也值得一品。杜父鱼品种繁多，光是从九州到中国地区就遍布着四十多种杜父鱼，如果再算上日本其他地方，想必它的种类数量将十分惊人。

北陆地方的“鳅鱼”、京都的“钝甲[5]”、信州的“姥头”、江州的“老虎鱼”、美浓的“频伽”、骏河的“一羽”和野州的“虾虎鱼”所指的其实都是杜父鱼。我品尝过京

3◎照烧：日本料理的烹饪方法。于食材上涂抹以酱油为基底，混合糖、蒜头、姜与清酒等做出的酱料后调理。蘸酱中的糖分使料理会反射光芒，故称作照烧。

4◎甘煮：把肉和蔬菜辅以砂糖、酒、酱油、料酒等作料煮成的料理。

5◎钝甲：河鱼科的淡水鱼。栖息于河流、沼地等，全长约15厘米。头部扁平，体色多变。分布在本州中部以南。

都的拔丝钝甲，金泽的佃煮鳅鱼和最上小国川[6]的杜父鱼冻，但它们的味道都不及利根川的杜父鱼。

虽然利根川杜父鱼的外形与鲶鱼和拟鲿相似，但在体形上它则完全不及后者。在流经相州小田原附近的酒匂川中，还有长达一尺[7]的大型杜父鱼，不过它的味道实在难以恭维，当地人都称这种杜父鱼为“香鱼饵”。

比起鲶鱼和拟鲿，杜父鱼的头和骨均软得恰到好处，所以不管我们把杜父鱼拿来煮还是拿来烤，都可以在真正意义上把它“从头到尾”吃得干干净净。

像鲤鱼或鲫鱼之类的鱼，天气越冷它们的骨头就越硬，而杜父鱼则和鳟鱼一样，它们的骨头会随着水温下降而愈发柔软。所以当靠近河岸的河面开始结冰时，河中杜父鱼的味道才会最为鲜美。

不过，哪怕到了六月上旬，利根川杜父鱼的风味依然能够和严冬时相匹敌。这是因为从初夏开始会有大量雪山融水流入利根川，这些雪山融水会使利根川的水温保持在7至10摄氏度，几乎和冬季的水温持平。

也是出于这个原因，所以越是靠近利根川上游的杜父鱼，味道就越是鲜美。如果拿一条在利根川上游的利根郡地

6◎最上小国川：最上川水系的支流，是山形县最上郡最上町和舟形町的一级河流。“最上小国川”是为了和邻近的其他小国川区别开来的名称，在当地被称为小国川。

7◎一尺：明治之后日本一尺为30.303厘米。

区捉到的杜父鱼，和一条在利根川下游的佐波郡地区捉到的杜父鱼相比较，那么毫无疑问是上游的杜父鱼要更胜一筹。

据说生活在利根川干流流域的曲瀑布[8]附近的杜父鱼身形最为庞大，等到早春时节，这里的杜父鱼都已经长出了细腻鲜嫩的脂肪，味道堪称一绝。

在三月至六月，杜父鱼会趁着水温尚未升高而将卵产在河底鹅卵石的背面。产卵结束后，雌雄杜父鱼就会分别驻守在卵的上游和下游，防止外敌入侵。因为河里的山女鱼[9]和雅罗鱼都非常喜欢杜父鱼卵，常以这些鱼卵作为自己的主食，所以在早春时节钓客们都会以杜父鱼卵为饵来钓山女鱼。

不过，对于人类而言，杜父鱼卵的味道可能是所有鱼卵里最差的。尽管杜父鱼的肉与骨都属于舌尖上的极品，但其卵的难吃程度却不输鲶鱼，正好能和同样处在美味金字塔底层的唇䱻卵凑成一对。

因为我那位捕鱼好手的朋友送了我一大堆从利根川里捕捞起的杜父鱼，所以这次回老家之后，我几乎每天都能享用到杜父鱼大餐。

用杜父鱼做成的醋拌生鱼片堪称极品。在做生鱼片时，我们需要尽量选择体形大的杜父鱼，先去掉它的皮、头部、

8◎曲瀑布：位于利根郡川田村境内。

9◎山女鱼：在日本，人们将一生都生活在河流中的陆封型樱鳟称为山女鱼，而“樱鳟”一词，一般指代樱鳟中的洄游型个体。

脊椎和肠子，再将它的肉削成薄片用水清洗，最后蘸上醋味噌便大功告成，之后我们只要夹起一片放入口中，生鱼片的味觉冲击便会如电流般迅速地从舌尖蔓延至舌根，为我们带来至高无上的快感。

我们还可以将杜父鱼做成烤鱼串，待烤干后放置一到两天，再涂抹上由砂糖、味醂和少许香橙汁混合而成的味噌后食用，味道更佳。把杜父鱼做成天妇罗也不错，若做成拔丝鱼更是秀色可餐，此时再配上一杯小酒便可谓是锦上添花。

我们必须要感谢这条充满慈爱的利根川，正是它，将无数的美味珍馐送到我们身边。

在上州，还有一种鲜为人知的美食，那就是小鲑鱼。小时候，一说到鲑鱼，我就会想起那咸得发齁的腌鲑鱼，所以对它没什么太好的印象，不过让我意外的是，我们上州居然也是鲑鱼的出生地。

在上州出生的鲑鱼会先前往大海，然后在北太平洋的寒冷海水中生长发育，等到成年5到6年之后，又会在八月下旬至九月上旬之间告别海水，从铫子口[10]沿着利根川逆流而上重返故乡。

在佐波郡芝根存地区，利根川会与乌川交汇，而这乌川正是鲑鱼的故乡。千里迢迢地从铫子口沿着利根川逆流

10◎铫子口：位于铫子市的利根川河口，也正是由于这利根川河口的形状酷似铫子口（酒壶口），所以这片土地才会被命名为“铫子”。

而上的成年鲑鱼会在九月中旬抵达乌川，然后开始准备产卵。一旦进入淡水，鲑鱼就几乎不会再进食了。

不知是因为利根川干流水温太低，还是因为它河床底下的石头太大，鲑鱼在抵达武州本庄里之后，便会向左拐入乌川。进入乌川之后，鲑鱼会在水深一两尺处的鹅卵石底下挖出一条小沟进行产卵，不过，如果鲑鱼继续沿着乌川向上游进发，那么当它们抵达岩鼻村之后，还会再左拐一次，进入镝川。

因此，实际上镝川才是鲑鱼的产卵圣地，而它们产卵的旺盛期则在十月中旬至十一月之间。

初冬时节，小鲑鱼们便会慢慢从卵中孵出，等到第二年的四月上旬左右，它们的身体就已经有4至5厘米长了。

当樱花开始绽放，暖暖的南风带来降雨之时，小鲑鱼们便会告别乌川与镝川，乘着由降雨带来的浊流向父母的生长地——北太平洋的寒冷海水进发。

这段时间就是钓小鲑鱼的最佳时机。虽然四月上旬人们在多野郡新町的菊稻荷神社附近钓起的鲑鱼都十分小巧，只有3至5厘米，但等它们抵达利根川与乌川的交汇处时，体长便已经接近6厘米，待它们游至武州妻沼桥附近的利根川干流时，它们的体长则会成长到9至12厘米，身上的肉也会变得更加鲜肥饱满。

虽然我们已经无法在成年鲑鱼的鳞片上找到鳟科鱼类所特有的美丽的蓝紫色斑点，但小鲑鱼的青银色鳞片上则仍然留有些许椭圆形斑点，它们在阳光照射下显得光鲜亮丽，色彩动人。

长3至6厘米的小鲑鱼味道十分清淡，很适合做成什锦天妇罗。而在妻沼桥附近钓起的长9至12厘米的小鲑鱼则适合抹上黄油做成烧烤，烤完之后再浇上冷羹，这样的美味，恐怕连食神吃了都要赞不绝口。

直到几年前，成年鲑鱼还经常跑到与岩鼻村地区的乌川相交汇的井野川中产卵，可最近几年在井野川中却丝毫不见小鲑鱼的踪影。难道井野川的水质发生了变化？

水户市附近的那珂川中的小鲑鱼、出生在野洲鬼怒川的小鲑鱼和产自福岛县鲛川的小鲑鱼，我都品尝过，但只有出生在镝川的小鲑鱼身形最为健美，味道也最为细腻。

想到我的故乡一年四季都能产出如此珍馐，一股自豪感便油然而生。

在日本，无论你走到哪里，都能看到日本人引以为自豪的香鱼。而且，来自日本各地的人，无论他是九州人还是四国人，都会向别人炫耀说，只有我老家的香鱼才是最优秀、最美味的。

一般我们会说，只有在我们老家附近的河里钓起来的香鱼才是世间极品。虽然我不是不能理解大家想要证明自家好的心态，但我认为像这样的自夸更多来源于人们的自大与无知。

在自家附近钓起的香鱼是非常新鲜的。而那些由别处送过来的香鱼，由于路途遥远，在运送时要花费甚多时间，所以等这些香鱼抵达自家时，其鲜度早已不如从前，自然不是新鲜的自家香鱼的对手。所以，如果你总是待在老家，那么你肯定无法真正了解香鱼的好坏。

只有当你游遍日本的大江南北之后，你才能真正了解究竟哪些河流能产优质香鱼，而哪些河流不行。比如四国的那贺川和吉野川，九州的美美川和五濑川中所产的香鱼，哪怕放眼全国都称得上香鱼中的极品，但房总半岛的养老川和夷隅川以及小田原的酒匂川中所产的香鱼则不太适合人们的口味。

以前的江户人总说多摩川的香鱼冠绝东日本，但自从东京建成了大规模的供水设施后，多摩川的水质大不如前，生活在多摩川里的香鱼的品质也自然跟着下降了，但现在的东京人似乎根本没注意到这一点，依旧日复一日年复一年地向世人夸耀多摩川香鱼的好。这是因为他们过分相信过去的传闻，而不愿去探究事物的本质。

同样的事情也发生在利根川。这次我回到故乡之后，品尝了一些刚从村边利根川里钓起的香鱼，令我惊讶的是，这些香鱼的香气比以前逊色了不少，完全失去了往日的味道。

在1926年以前，也就是在位于利根郡川田村岩本地区的大堰堤竣工之前，利根川的香鱼在外观、香气和口味上都十分出众，丝毫不会逊色于九州或四国谷川所产的香鱼。

尤其是月夜野桥[11]底的利根川干流里的香鱼和吹割瀑布附近的香鱼，它们的鳞片呈深蓝色，身躯如竹筒一般圆润，肥硕饱满，香气迷人，可谓是极致的美味。此外，体长接近一尺的香鱼在水箱中来回游动的景象也着实令人赏心悦目。

一条河里之所以能产出美味且漂亮的香鱼，是因为这条河水流湍急，而且岩石的质量也很好。日向国的香鱼之所以好吃，是因为这里遍布着许多来自古生界[12]的岩石，从这种岩石上滴落而下的水中富含着香鱼所喜欢的优质水垢。

我们片品川的上流也有古生界岩石，虽然分布的范围并不是很广，但它们刚好在滔滔不绝的激流之下，所以我才能问心无愧地向别人宣传我们片品川香鱼的好。

虽然数量不多，体形也相对较小，但神流川和镝川的香鱼的香气甚是诱人。这也是因为这两条河流的上游覆盖着秩父带古生界的岩石。

但是，自1926年以来，利根川香鱼便再也没有来过川田村的利根川上游。一方面，由于时局影响，人们在下游的涉川附近新建起一座又一座的工厂，并将工业废水直接排入河里。另一方面，从白根火山上流下来的毒水也越来越浓。

唉，利根川的香鱼终于也要灭绝了吗？

不知是在1932年还是1933年，白根火山发生大爆发

11◎月夜野桥：位于利根郡后闲地区。
12◎古生界：古生代形成的地层。

之后，我曾和五六个朋友一同从草津踩着雪爬上了白根山顶，一同观察那巨大的火山口。

当时我们的目的是调查白根山在爆发的同时排出了多少有毒物质，不过并非科学家的我们根本没法调查出什么所以然来。但我听给我们带路的人说，堆积在涉岭东南部、贝池北部的火山灰里就含有大量的有毒物质。

山顶冰雪融化之际，这些有毒物质便与冰雪融水一同流入下游，将下游的鱼类统统毒死。草津温泉上游的毒水泽里流淌着的水甚至和硫酸水没什么两样，并且这硫酸水还会流入下游的须川，再于长野原注入吾妻川。

此外，来源于西久保上游的万座火山的黄色毒水也会流入吾妻川，使得西久保下游的吾妻川流域变成寸草不生的地狱河。

照这样下去，就连利根川干流中以香鱼为首的各种鱼类，以及前桥的养鲤池也不能幸免于难。

虽然吾妻川的下游寸草不生，但在嬬恋村以上的吾妻川上游中则栖息着日本首屈一指的山女鱼。它们的皮肤银中带青，身体两侧排列着淡紫色的椭圆形斑点，头顶的眼睛也圆滚滚的，像极了一位身披华丽服饰的山中仙女。

利根川里也栖息着山女鱼。但是，利根川干流中的山女鱼的身躯不够厚实，缺少脂肪，这使得它们在味道上有些不足。

另一方面，生活在吾妻川上游的大前、大笹和鹿泽附近的山女鱼则从头到尾都非常丰满，富含细腻的脂肪。要是我们将它串起来放入火中，还能看到一滴滴被火激出的油脂掉入灰烬中。

这是因为吾妻川上游的水质适合水生昆虫的生长，而山女鱼平时正好以这些水生昆虫为食。在吾妻川支流的干俣川、地藏川和熊川中，也栖息着身形优美、风味十足的山女鱼。在流经六里原并汇入地藏川的小溪流——赤川中还栖息着山女鱼和美国红鳟的杂交品种，也别有一番风味。

据说盐烤山女鱼是最好吃的，但我更喜欢把它烤干之后放置两到三天，再放到锅里去煮。

烘烤山女鱼和油炸山女鱼也是不错的选择。除此之外，秘酱串烤山女鱼也别有一番风味。

在关西地区，据说四国吉野川里的山女鱼是最为美味的。我有幸品尝过一次朋友在伊予与土佐交界处的吉野川流域中钓起的山女鱼，味道着实浓郁，但依旧不及我们吾妻川的山女鱼。

当我夹起一片山女鱼放入口中，一股它所特有的浓中带淡的风味便立刻从舌尖涌上鼻腔，这种风味是其他任何动物都无法比拟的“魔味”。

在日常生活中，我们也必须记住用身边的“魔味”净化自己的心灵，以从容不迫的心态面对接下来可能出现的挑战。

芜菁

时令风味——

佐藤垢石

符合时宜的食物才会美味，
一旦错过了最佳时机，
食物的风味也会劣化，
无论鱼类兽类都是如此。

食物的味道会根据季节而发生改变。符合时宜的食物才会美味，一旦错过了最佳时机，食物的风味也会劣化，无论鱼类兽类都是如此。比如七、八月的鳕鱼，由于脂肪太少，不管怎么做都不好吃。再比如十二月以后捕到的鹿，因为肉质失去了甜味，所以卖不出好价钱。

据说，日本的食材有400多种。此外，不知道是兴趣奇特呢，还是出于病态心理，还有一部人会生吃毛毛虫、水蛭和蚯蚓之类的动物。如果再把这部分人的食材种类也一并算上，想必数字会十分惊人。要是将所有种类的食物所对应的最佳食用时期都调查一遍，一定非常有趣。

知晓食物最佳食用时期的人，就是所谓的美食家，而要想谈论料理的精髓，宣扬料理的乐趣，就必须要完全掌握食物的性质。那么作为珍馔的毛毛虫、蚯蚓和水蛭也有最佳食用时期吗？

我们都知道食物丰收的季节未必就是它最美味的季节。虽然农作物在收获时就是最美味的，但动物就不一样了，如果要买鲷鱼，大家都会选择在鲷鱼最便宜的五月或者六月进行购买，这是因为这段时间是鲷鱼的汛期。但汛期并不是鲷鱼的最佳食用时期，这段时期的鲷鱼刚产完卵，味道是最差的，人们将这种鲷鱼称作“麦秸鲷[1]”。

另外，香鱼的汛期在每年的九月下旬至十月之间，这段时间的香鱼被称作“落香鱼”“鲭香鱼”和“芋干香鱼”，它们会为了产卵而游向下游，最终和漂流而来的落叶一同落入鱼梁[2]中，跟肉质最鲜美的七、八月相比，此时香鱼的鲜美度已经下降了不少。然而世人却因为秋天香鱼吃得多，就误以为腹中带有鱼子的香鱼才是最美味的。

那么何时才是动物最美味的时期呢？众所周知，每到一年一度的发情期，动物都要完成它繁衍后代的使命。动物的发情期一般一年只有一次，也有少数动物会有两到三次，但属于例外情况。我们可以认为，动物的繁殖期就是它最美味的时期。

就拿江户前的鲻鱼来说，十二月下旬在东京湾口钓起的鲻鱼腹中都已经装满了鱼子，味道自然不如从前。江户前的鲻鱼要属十月下旬至十一月中旬腹中无子的最为美味，因为这段时间内鲻鱼体内的脂肪尚未被生殖腺所吸收。

野鸡也是如此，一旦交配之后它的味道就会变得大不如前。十月左右，野鸡会从山里出来，开始觅食。十二月

1◎麦秸鲷：因为产过卵的鲷鱼腹中空空如也，人们便用脱粒后的秸秆——麦秸来形容它。

2◎鱼梁：又名渔梁，是一种传统的捕鱼方法。它的材料主要是木材、竹子，竹子编织成梁，木材制成栅栏、篱笆。

上旬开始下雪之后，它们体内的脂肪就会开始堆积，然后于第二年的一月至二月之间进入发情期，此时它们羽毛的颜色最为鲜艳，肌肉状态也最为饱满，接下来的三月至四月间，它们便开始交配，等到了五月之后，雌性野鸡就会开始产卵并孵育后代。不过，在一月至二月之间，野鸡还未进行交配的时候，它们的味道是最鲜美的，而一旦雌雄交配之后其味道就会骤然变差。等到野鸡产卵并孵化后代之时，其肉质早已劣化到让人难以入口的地步了。

不过也有一些动物属于例外。

动物总有一年一次的繁殖期，不过，也有一些动物的繁殖是不分时期的，如家鸡、家鸭、家兔和家猪等。这些动物不会在一年中选择特定的时间或场所进行繁殖，所以它们也没有所谓的美味期。

本来，自然界中的野兽、野禽和各种鱼类为了谋生都要花费大量的精力。为了获取食物，抵御外敌，它们会想尽一切办法。不过，家鸡和家猪则被人类悉心照料着，既不必为食物而发愁，也不会受到外敌的侵扰。幸福的家鸡和家猪，在人类的庇护下，不断地将自己的能量储备投入繁殖活动中，结果它们都没有固定的美味期了。不过，如果你仔细观察，还是可以发现它们身上仍然保留着一些祖先在野外生活时留下的习性。比如家鸡尤其喜欢在三月左右进行交配，而家鸭则极为享受五、六月的天气。因此从严格意义上讲，它们还是有自己的美味期的，不过这美味期极其微妙且和其他时期并无太大差别。尽管美味期不明显，但家养动物的味道依旧要比野生动物好上千百倍。

话又说回来，即便是同一种动物，它们的美味期也会因性别而异。例如雄性野鸡的美味期在二、三月，但雌性野鸡的味道则在三、四月迎来最高潮。野鸭、鲷鱼和香鱼也都是雄性要比雌性先一步进入美味期。因为在所有野生动物中，雄性动物总比雌性动物提前一个月左右进入发情期，它们的发情期来得早，去得也早，而雌性动物则总是相对落后。

就水鸟而言，雄鸟的味道一般也要好过雌鸟。野鸭、野鸡和鸳鸯同样如此。家鸭也要属公鸭的味道更为上等。四月是野鸭的美味期，此时在店铺面对一公一母两只野鸭时，懂得选择公野鸭的人才算得上美食家。至于野鸡就应该二月买公，四月买母，不过一般来说，母野鸡的味道都要好过公野鸡。

如果动物的美味期跟繁殖期密切相关，那么我们还必须把动物的年龄也划入考虑范围内。不管一只动物多么娇小可爱，如果它尚未具备生育能力，那么其味道必定不值一提。

也就是说只有进入“青春期”的动物，才会具备真正的美味。但动物不仅不能太年轻，也不能太年老，因为年老之后它的生殖能力也会下降，味道自然也不如从前了。

当然，也存在一些例外。比如中国人喜欢雏鸡，西方人喜欢牛犊，而日本人则喜欢小香鱼和小茄子。不过，这种喜欢可能并非源于对味道的追求，而是出于人的某种特殊癖好。

动物每一年从发情期开始到结束的期间被称为动物的“旺盛期”，只有处在这个旺盛期内的动物味道才是最好的。换句话说，只有具备性欲且生育能力尚未衰退的动物才算得上是真正的美味。

鳗鱼也是如此。虽然也有不少人喜欢把重3至4两的鳗鱼做成串烧，但这样大小的鳗鱼只有一种淡淡的味道。事实上，只有接近10两[3]的鳗鱼味道才会浓郁。

鳗鱼是一种洄游生物，它会从海洋洄游至河流或沼泽地中，并在那里生活6至7年，然后再次回到海中产卵。不过存在一些例外情况，比如有的鳗鱼受栖息地影响可能经过十多年都不会返回大海。为了产卵而返回大海的鳗鱼被称作“下海鳗”，它的味道十分鲜美。因为此时的鳗鱼身体发育成熟，肉质也最为弹嫩，江户前鳗鱼会受世人喜爱也和这个“归海鳗鱼”不无关系。因为准备前往深海进行繁殖的鳗鱼会从荒川上流游至月岛和台场附近，并和栖息在这里的鳗鱼进行交配。不过由于最近几年江户前的水质发生了变化，人们已经无法在这里捕捞到上等鳗鱼了。这是因为荒川分洪道建成后，王子町附近的荒川河水被排到

3◎10两：约相当于现在的378克。

了中川下游，导致月岛和台场附近的水质变得过于干净了。也就是说在这之后只有大川和隅田川会流入东京湾，既然没了淡水，那么前往深海产卵的鳗鱼自然也不会在这里逗留。

水户那珂川的鳗鱼才是关东地区最美味的鳗鱼。栖息在笛吹川上游河底石头间的食蟹豆齿鳗也相当不错，因为它们大多都做好了繁殖的准备，肉质饱满而具有弹性。

盛夏时的鳗鱼味道差强人意，只有秋天准备下海产卵的鳗鱼最具风味。而人工养殖的鳗鱼，不管块头有多大，吃起来都索然无味，因为它们根本不会进入发情期。

鸡肠草

第三辑※食之趣

无论经历了多少岁月，人的童心都不会泯灭，人的味蕾总会追求童年的味道。

舌尖游戏——吉川英治

反倒是在穷困潦倒的日子里母亲辛苦做出的古怪而廉价的小菜，
总能让已经一把年纪的我心头涌起一阵浓浓的乡愁。

多年以前的一个晚春，我们邀请了天皇陛下和四五名知识分子，在皇宫的花阴亭内举办了一场小型座谈会。在闲聊中，狮子文六[1]询问道——

“陛下，您吃过完整的鱼干吗？”

“完整的鱼干？”陛下显得有些诧异。

“我也不太清楚。”一旁传来了德川梦声[2]的声音。

一阵短暂的寂静之后，入江侍从[3]说明道：“恐怕陛下并不了解什么是完整的鱼干。”一个东西的味道本来就很难用言语形容，要让对完整鱼干一无所知的陛下理解它的味道更是难上加难，因此这个话题自然没能引起热烈的讨论，唯独狮子文六时不时流露出一脸遗憾的神色。之后火野苇平[4]向陛下提起了鳗鱼，没想到的是陛下比我们还要更了解鳗鱼，不过他所谈论的并非烧烤用的酱料或鳗鱼本身的味

1◎狮子文六（1893—1969）：日本小说家、剧作家。日本艺术院会员、文化勋章获得者。

2◎德川梦声（1894—1971）：日本演员，主要作品有《雪之丞之恋》。

3◎入江侍从：即入江相政（1905—1985），日本的官僚、诗人和随笔家，曾任昭和天皇的侍从长。

4◎火野苇平（1907—1960）：日本小说家。

道，而是从自己专攻的生物学角度对鳗鱼展开讨论。

事后我向秋山德藏[5]提起此事时，他解释道："陛下不可能没有吃过，我们的菜单范围很广，囊括了各种各样的食物。陛下说不知道，只是因为他没有吃过那种需要一手持筷，另一手一边托住碗，一边用手指夹住鱼尾巴来吃的鱼干罢了。"这话倒是有几分道理，果然庶民的美食如果吃起来没有庶民的样子就算不上正宗。如果一个高级饭店的厨师在做前菜时，拿几只完整鱼干，剁下它们的头，再把剩下的鱼身装模作样地装在漂亮的盘子里，那也不是不能理解，但要是在家里吃到这样的菜，我一定会把它端回厨房，请厨师别整这些花里胡哨的东西。

前几天我在金田中[6]吃了一碗由海带丝和鳕鱼做成的汤，这碗汤精致且美味，却不太符合我的口味。吃到一半我才回想起来，在我的幼年时期，母亲也总是会做这个鳕鱼海带汤给我吃。由于鳕鱼和海带丝都很便宜，所以对于一个子女多的贫困家庭来说这是一道完美的家常菜。即使是现在，每年冬天我们家也保留着做鳕鱼海带汤的惯例，但当它作为高级料理被装进金田中的莳绘[7]碗里时，便不再是我记忆中的那个"鳕鱼海带汤"了。

5◎秋山德藏（1888—1974）：日本厨师，大正至昭和年间担任宫内省厨师长（主厨长）。

6◎金田中：日本三大高级料理店之一。

7◎莳绘：在漆器上以金、银、色粉等材料所绘制而成的纹样装饰，为日本的传统工艺技术。

比起现在的穷人，以前的穷人在生计上更为拮据，所以主妇们总要为了一家老小的伙食问题而煞费苦心。我现在还记得当年母亲为了避免浪费，就连淘米时顺着水流出的少许米粒都要一粒一粒小心翼翼地拾回蒸米用的竹篓里。另外，买鲑鱼的时候，母亲也不会买鱼身部分的肉，而是专挑便宜的鱼杂[8]。不过这些廉价的鱼杂中也暗藏着不少鲑鱼留给穷人们的恩泽，比如位于鱼身和鱼头交界处的如同弯刀一般的鱼下巴，就是鲑鱼全身最鲜嫩的部位。除此之外，鲑鱼尾部的肉也远比其他部位好吃。

以前，天妇罗料理店还会顺带售卖炸天妇罗时散落在油锅里的碎渣，这些碎渣也十分便宜，几乎算是免费的。每天早上只要往味噌汤里撒上几粒天妇罗碎渣，全家人都会像吃了真正的天妇罗一样心满意足。有时候我还会把它撒入乌冬面里，或是把它煮化之后用来拌饭。不知为何，最近我都找不到有卖天妇罗碎渣的店铺了。前一阵子我在回家路上正好经过银座的秃头天[9]，就进去问了问有没有卖碎渣，店员反而一脸鄙夷地嘲笑道："您要那玩意儿做什么？"

8◎鱼杂：除去身体部分鱼肉以外的鱼头、鱼鳍、内脏、鱼尾、鱼骨和鱼骨上残留的少许鱼肉。

9◎秃头天：银座的一家高级天妇罗料理店，虽然1928年开业时的店名是"宝"，但由于初代店主渡边德之治年纪轻轻便绝了顶，当时的客人们就打趣称这店是"秃头的天妇罗店，秃头天"，于是1929年店主进军银座之后，便将店名改为了"秃头天"。

有的东西尽管已经不受世人关心，但我私底下仍旧非常喜欢，比如鲣鱼那附着深红色的含血肉的脊骨。你只要在鲣鱼的汛期去找店家要，要多少店家就会给你多少。为什么世人都对鲣鱼的脊骨不屑一顾呢？听说在浜作和鹤家，煮鱼杂和煮鲷鱼头很受欢迎，但我认为它们都不如把鸡脖肉串在鲣鱼脊骨上做成的烤串美味。

也许是从小在贫困家庭中长大的缘故，不管是茶怀石料理，还是其他高级料理店的料理，都不能让我念念不忘，期待与它的下次邂逅。反倒是在穷困潦倒的日子里母亲辛苦做出的古怪而廉价的小菜，总能让已经一把年纪的我心头涌起一阵浓浓的乡愁。

比如往黄豆泥中加入葱花再做成味噌汤的料理被我们称作“吴汁”，虽然它很黏稠，味道也重，但也不是没有可取之处，在厌倦了各种味噌汤的时候，就适合来一碗吴汁换换口味。说起来，以前豆腐店里免费提供的豆渣，现在似乎也都成了兔子的饲料，不再出现在人们的餐桌上了。不过我还是时不时会让豆腐店的人往家里送一些，然后拌着葱花放入油锅中爆炒，或是倒入煮过螃蟹的汤水中。当然了，豆渣肯定没有什么营养价值，但对于肠胃不好的我来说，它可是助我下饭的好帮手。

做蔬菜汤经常要用上蜂斗菜，在煮这个蜂斗菜的时候，我们最好也要煮得咸一些，而不是像现在这样淡中带甜。我总觉得最近生活在东京下町的人们好像把咸味忘得一干二净了。在二战之前，不忍池边上一家名叫“冈田”的店里就很好地保留着江户的传统咸味，我想这家店该是东京最后一家正宗的下町料理店了。

说到蜂斗菜，我就想起母亲过去会把蜂斗菜的菜茎和菜叶一同切碎，做成佃煮给我吃。虽然算不上什么好东西，但也不是很难吃。浅草寺境内的商店街里有一家世世代代专门将蜂斗菜和花椒叶的佃煮装入木制圆盒来卖的小店（真的是非常不起眼的小店），后来说是真的开不下去了，在前两年终于停止了营业。不知道在京都那边像这样特殊的老店是不是也在接连倒闭，如果真是如此，我们就只能自己在家里做一做这样的料理了。不过每年大原寂光院的小松智光住持都不忘给我寄来一些她精心制作的花椒叶佃煮，里面的花椒叶也都十分细嫩。相较于东京的咸味，京都的佃煮还带着一种别样的辣味，对东京人来说十分新鲜。

虽然我总说老味道这个老味道那个，说来说去还是因为我的舌头已经大不如前了，习惯不了新鲜事物。确实，一个一天要吸六七十根香烟的人有什么资格谈论美食呢？而且我的老舌头似乎总有怀念童年美味的倾向，曾经狮子文六先生就向我倾诉道：“现在的女人真是不像话，连羊栖菜的煮法都不知道。虽然世人总不拿羊栖菜当回事，但我无论如何也忘不了它的味道。”另外，我在川奈饭店的食堂吃早饭时，经常看见大仓喜七郎老先生跟食堂领班谈笑风生，有一次我在老先生的耳边轻声询问道：“老先生，您每天在屋里最喜欢吃什么小菜？”老先生也小声地回答道：“嘿嘿嘿，我最喜欢吃羊栖菜和炸豆腐。”

老舌头的主人们似乎都是这个样子。夏天白萝卜渐渐长成的时候，我就会把白萝卜的茎做成米糠腌菜。明明白萝卜的茎才是最好吃的，但水果店的店家却总是把它切下来丢在店门口。所以我小时候总能免费要到不少白萝卜茎，然后把它们剁成碎屑倒进饭里搅拌，这种童年的味道我至今都难以忘怀。

最近我对各种抹茶甜品和其他高级点心都有些厌倦，反倒会时不时吃一块我儿时常吃的“黑蜜面包”，一种非常朴素的食品，只要往食用面包上抹点黑蜜（黑糖浆）便可。不过，好的黑蜜也不常有，所以我偶尔会去以葛饼而闻名的老店——龟户船桥屋那里要一些黑蜜，说起来某年正月我还被那船桥屋的老板硬拉着给他的招牌题了字，那个招牌比一块榻榻米[10]还要大。换作是平时我肯定不会答应这样的要求，一定是因为那几天刚好是正月，我小喝了几杯，酒后兴起便没能拒绝那位店主。事后我也不记得当时到底写了什么字，加上这件事让我心里很不是个滋味，之后我也没有再去那家店探过究竟。不过再想到这由于酒引起的一场风波，最后倒是为我换来了上好的黑蜜，我又不禁觉

10◎江户的榻榻米一般长176厘米，宽88厘米。

得有些可笑，这黑蜜面包又给我带来了一层别样的风趣。看来，无论经历了多少岁月，人的童心都不会泯灭，人的味蕾总会追求童年的味道。

扇贝火锅之歌——

中谷宇吉郎

没想到人的舌头如此灵敏，
还能感觉到连化学分析都不好一探究竟的
微量元素。

北海有愚鱼，
其名多线鱼。
其肉洁白胜于雪，
其味淡泊似太虚。
垫一片三石海带，
滴几滴薄口酱油，
再在纯白的豆腐上，
点缀些许绿妆。
扇贝火锅[1]咕噜响，
夜入三更味更深。

在我的孩子还小的时候，如果能哄得他们早早入睡，我都会在里边六叠间[2]的长火钵[3]上煮起扇贝火锅。

当我在北海道的生活安定下来之后，我才发现，这里的冬天比夏天更具风情。在无风的雪夜里，到处都静悄悄

1◎扇贝火锅：以大型扇贝为锅的火锅。
2◎六叠间：有六张榻榻米大小的房间，面积约9.72平方米。
3◎长火钵：放置在起居室、茶室等处的长方形火盆。

的，听不见些许声响，外面则早已被天鹅绒般洁白的新雪所覆盖。飘舞在空中的雪花如同空气般轻盈，一切声响都会被埋没在皑皑白雪中，哪怕你侧耳聆听，也只能听到片片雪花在空中交会时发出的细微响声。

每逢这样的夜晚，我都会在长火钵上架起扇贝火锅，往铜壶中倒入清酒，安静悠闲地吃上一顿晚餐。为了挑选和扇贝火锅最搭的鱼，我做了不少尝试，但最后还是选择了最便宜、最无味的多线鱼。

多线鱼是一种定居在沿岸礁石边的鱼，它就像因为和父母走散而在水沟定居的小鳕鱼一样愚蠢。在北海道的日本海沿岸，这种多线鱼随处可见，想钓多少就能钓多少。在太平洋沿岸似乎也能看到它的踪影，不过这和我也没多大关系。

因为多线鱼生活在近海，数量又很充足，所以只要你稍加注意，就能在海鲜市场里发现不少刚被捕上岸的新鲜多线鱼。我听妻子说她一看到这样的鱼，就会立刻买下来。只要足够新鲜，不管鱼的脑袋多不灵光，它的味道总是好的。在扇贝底铺上一片海带，再放入切好的多线鱼块和豆腐，最后加入少许山芹菜为火锅添点绿色，就可以开始煮了。至于调味，只需滴上几滴薄口酱油便可。

刚开始的一段时间，火锅基本没什么味道，这时我一般会悠闲地喝上几杯酒。等汤汁渐渐煮干了，就把铜壶里的水倒入锅里，时不时再滴上几滴酱油，这样重复几次之后，火锅的味道才会慢慢浓郁起来。

等酒劲上来之后，火锅的味道也明显浓郁了不少，而且不可思议的是，尽管火锅的味道已经十分浓郁，但吃起来一点也不腻。我想不出还有什么别的火锅能够连煮两个小时而不失其鲜味。此外，醉酒时的舒适感也无可挑剔。

每次吃海鲜火锅时，我都会让妻子准备毛笔和纸，然后用墨水描绘出以扇贝火锅为中心的凌乱餐桌风景。画完画之后，我还要编出一些不明所以的赞词，比如本文开头那段既不太押韵也不像现代诗的杂文。

自从我们一家搬到东京之后，就再也没能吃到北海道的扇贝火锅了。虽然我们在东京偶尔也会吃一吃扇贝火锅，但其中的火锅料总是过于高级。不过，扇贝火锅本身所具有的独特风味依旧值得我们一品。

同样的食材，要是放到铝锅里煮，那么煮出来的东西根本不值一提。砂锅虽然要比铝锅好上不少，但它还是远远不及扇贝锅。不知是不是心理作用，我总觉得在烹煮时，扇贝中的某些成分会渗入汤水中，所以扇贝火锅的味道才会如此特殊。

贝壳的主要成分是碳酸钙，还有一些钾和碳酸盐，但比重极低。虽然贝壳中也含有少量的钠，不过没有什么讨论的必要，因为食盐中的钠含量要远远多于贝壳。果然钙元素才是最值得关注的，毕竟它完全有可能在煮汤的时候变成钙离子融入汤水中。没想到人的舌头如此灵敏，还能感觉到连化学分析都不好一探究竟的微量元素。

我曾经向东京艺术大学的某位物理教授分享了我的“扇贝火锅含钙论”，之后再见到他时，他还邀请我一起做了次实验。我们先把文蛤放入沸水中熬煮一个小时，然后从中取出少量水进行检测，果不其然，在煮过文蛤的汤水中是存在钙离子的。顺带一提，当时之所以会用文蛤来实验，是因为我们正好手头没有扇贝，不过那位教授事后向我保证说不管用花蛤还是扇贝，实验结果都不会改变。

等什么时候有空了，我也想正式地从物理和化学角度对这扇贝火锅仔细研究一番。

葡萄

水果——正冈子规

普通人一般不爱吃夏蜜柑，

因为它酸度太高，

但对于发热患者来说，

这样的酸味却是无上的美味。

本文并非从植物学或产物学的角度来介绍水果，而是以我这个病人的视角，对我实际吃过的水果味道的好坏进行评价。各位就权当是为了学会给病人挑选水果来读读这篇文章吧。

〇水果的定义

水果在日语中被称作“果物”，果，读作kuda，意为“会腐烂的”，所以“果物”其实就是“会腐烂的东西”，因为水果熟透之后都会腐烂。这样一来，我们似乎就不能用“水果”来称呼像日本栗、锥栗、核桃或橡果这样的东西了，而要将它们统称为“木本果实”。乍一听木本果实好像包含了水果，因为大多水果都长在树上，不过，在俳句里，“木本果实”一般指代类似核桃这样的坚果。另一方面，就算取“木本果实”的广义含义，它也不包含像葡萄和草莓这类草本植物的果实[1]，因此我们又必须用“草本果实”来称呼它们。但是，如果直接用上“水果”这一称谓，

1◎实际上葡萄应属木质藤本植物。

我们就不用考虑这个果实究竟是木本还是草本了。在东京，人们一般称水果为“水点心[2]”，而在我老家，人们则称之为“生果”。

〇水果的判断依据

产自农田的西瓜和甜瓜不同于其他农作物，它们味道甜美，还可以生吃，所以应该被纳入水果的范畴。

〇水果与气候

众所周知，气候不同的地区所产的水果种类和生长状况也各不相同。比如本州岛南部的炎热地区就盛产柚子和柑橘，北部的寒冷地区则盛产苹果和梨。而东南亚等热带地区更是盛产如椰子、香蕉和菠萝这类和日本水果种类、味道都大不相同的水果。正所谓“橘生淮南则为橘，生于淮北则为枳”，尽管都是柑橘，但日本的柑橘偏酸，而中国南方的柑橘则更富甜味。总的来说，接近热带地区的水果肉质都很柔软，酸味也极少。而寒冷地区的水果虽然不及热带，但依旧很柔软甘甜。不过处在热带和寒带之间的温带就有所不同了，这里的水果一般多汁且偏酸。不过这只是不同气候条件下水果的大致特点，考虑到现代农业已经

2◎水点心：江户时代以前，“水果”和“点心”都指代“三餐以外的小食”，到了江户时代之后，“点心”的含义才慢慢发展为“人工制作的甜点”，因为水果甘甜而富含水分，故被江户人称为“水点心”。

发达不少，应该有许多水果能够突破气候的限制了。

〇水果的大小

水果的大小取决于人们的栽培方式。但如果将不同种类的水果进行比较，西瓜应该是其中个头最大的（尽管它只能算是“准水果[3]”），而个头最小的应该要属朴树果。上岛鬼贯[4]也曾在俳句中写道：“青朴参天，生籽却小如黄豆焉。”不过除了朴树果之外还有什么较小的水果呢？以前我还在水果店买到过名叫“鹅莓”的水果，比朴树果稍稍大一些，但味道不尽如人意。另外，我听说山葡萄也挺小的，不过具体多小我也不太清楚。除了西瓜以外，柚子和菠萝体形也挺大的，虽然椰子好像也很大，但我还没有见过实物，就暂不妄下定论了。

〇水果与颜色

除了草莓、桑葚等水果之外，大多水果都有一层漂亮的外衣。水果皮的颜色最初通常是青色，待成熟之后就会慢慢变为黄色或红色，有的还会变为紫色（不过西瓜皮从头到尾都是绿色）。通常一种水果只有一种颜色的外皮，但

3◎准水果：在植物学上，西瓜属于蔬菜，但在商品流通和消费领域，人们一般将西瓜看作水果。

4◎上岛鬼贯（1661—1738）：江户中期的俳人。摄津国伊丹人，作为“伊丹派”的中坚力量而活跃。

也存在像苹果这样同时拥有深红色、浅红色、朱黄色、黄色和绿色等各色外皮的水果。除此之外，果皮和果肉在颜色上也可能存在差异。虽然柑橘类的皮和肉颜色基本一致，但柿子肉就会比外皮的颜色稍淡一些，葡萄肉的紫更是远不及外皮。而苹果鲜艳的外衣下则藏着一身花白的果肉，不过这白色果肉中也存在着一些细小的差别，比如白中透黄的果肉更甜，而白中泛青的果肉则偏酸。

○水果与香味

热带水果有热带的味道，寒带水果也有寒带的味道。自古以来，柑橘类水果的香气就备受赞誉。因为水果清爽芬芳的香气都来源于其中的酸液，所以越是酸的水果香气就越馥郁，比如我们都很熟悉的香橙，而其他普通的水果则几乎没有香味。

○水果美味的部分

水果的口感还会根据部位发生变化。一般来说，水果靠近果皮的部分会比果芯部分甜，果蒂端也会比果尾端甜，其中最显著的例子就是苹果。虽然苹果核不是不能吃，但它几乎没有甜味。由于苹果靠近果皮的部位甜味最甚，所以我们还可以在削皮的时候稍微削得厚一些，然后去吸上面的汁。而柿子则和苹果恰恰相反，当柿子的中心部分成熟时，它的果皮端往往还留有难以下口的涩味，另外，柿子的果尾成熟得也比果蒂早。虽然香瓜瓜蒂部分的成熟要早于瓜尾，但它靠近瓜皮的部分则非常不易成熟。人们都说西瓜的向阳面更甜，想必太阳光也会对户外种植的水果产生不少影响。

〇水果的鉴定

大家都有一种固有印象，认为青色的水果酸，红色的水果甜，但在面对苹果这样颜色丰富的水果时，就不能仅凭外表来判断其味道了，不过青苹果倒也确实挺酸。另外，外皮呈褐色的梨一般甜味丰富，而褐中带绿的梨则多汁且酸。柑橘则要看皮的厚度，一般皮厚的柑橘酸味多，皮薄的柑橘更为甘甜。另外，那些外皮富有光泽，皮肉之间存在缝隙的橘子内含的果肉通常较为干瘪无味，而外皮干瘪、褶皱多的橘子才多汁可口。

〇水果与人的喜好

水果因为味道清淡、容易入口而受到大多数人的青睐，但也有许多日本人接受不了像香蕉这样带有热带气息的水果。而且对于水果的喜好本来也是因人而异，有人最喜欢柿子，可也有人因柿子缺乏水果应有的酸味而对它心生厌恶；有人说梨才是果中之王，也有人吃遍各种水果，唯独对梨下不了口；有人喜欢草莓，有人喜欢葡萄，有人觉得蜜桃高雅美观，也有人觉得苹果的味道天下无双……不过，尽管人们的喜好各异，但也存在一些人见人爱的水果，比如柑橘。而且柑橘可储存的时间也最长，自然就更受欢迎。

○水果与我

不知是出于病痛还是其他原因，我自幼便对水果情有独钟，这份钟情到了学生时代也尚未消减，每当我收到从父母那里寄来的两个月的生活费之后，都会在大餐之余买些水果吃，一般我会买六七个凤梨，有时候也会买七八个酒酣柿子[5]，如果是柑橘，那我则会一次性买十五到二十个。因为没有喝酒的习惯，所以去乡下行脚[6]时我本来只需花一些住宿费，按理来说要不了多少钱，但由于我在路边茶店小憩时总有吃一些梨子或柿子的习惯，所以每次去行脚都要破费不少。自我卧病在床，无从出门享乐之后，食物就成了我最大的乐趣，于是我几乎终日都要与水果为伴。吃腻了各种水果之后，我渐渐将注意力转移到了那些稀罕的水果上。其中我吃得最多的是酸味重的水果，这大概是酸味最不容易让人厌倦，以及我总是发烧的缘故吧。普通人一般不爱吃夏蜜柑，因为它酸度太高，但对于发热患者

5◎酒酣柿子：将涩柿子装在空着的酒桶里，用残留在酒桶里的酒精成分去掉涩味，制成甜柿子。

6◎行脚：谓僧人或为寻师求法，或为自我修持，或为教化他人而游走四方。

来说，这样的酸味却是无上的美味。反倒是像苹果这样汁少酸味也少的水果，虽然我们在刚开始吃的时候会感觉很好吃，但如果连续吃个两三天，立马就会吃腻。另外，由于柿子味道甘甜且比苹果更富含水分，所以也不容易吃腻。不过天气转凉之后再吃柿子很容易伤胃，去年我就因此饱受胃痉挛的折磨。梨也一样，冬天的梨固然好吃，但那渗入胃中的寒气总让我感到不适。但说来说去，我几乎没有讨厌的水果。香蕉好吃，菠萝好吃，桑葚好吃，罗汉松果也好吃。各种水果里，大概只有柳杉和万年青的果实是我没有品尝过的。

○食草莓

1891年6月，学校的考试迫在眉睫，由于复习心切，我大脑的病情终于恶化了，想到自己再也无法以这样的身体状况参加考试，我便决定提前返乡。收拾好行李，再买上一顶草帽、一双草鞋，我便踏上了归途。我先从上野乘火车前往轻井泽，在那里留宿一晚之后我又赶往善光寺参拜，之后落脚于伏见山的松本街道。第二天，在徒步翻越猿马场山时，它那接近1900米的海拔着实让我这个患有呼吸系统疾病的患者吃了不少苦头。不过，当我步履维艰地走到半山腰时，发现路边竟长满了成熟的草莓。这个意外的发现令我喜出望外，但同时我又觉得有些不可思议，觉得这些草莓像是人工种植的。在短暂的犹豫过后，我以“这附近既无民宅也无田地，要种草莓也不至于特地跑到这半山腰来种”为由说服了自己，毫不客气地饱餐了一顿。当时我正因跋山涉水而口干舌燥，呼吸也十分困难，因此这些草莓简直就是天降甘露，有着说不出的美味。

1893年的夏季至秋季，我一直在奥羽[7]行脚，当时我从酒田北上，沿着海岸线一路走到了八郎湖，并在这里掉头，从秋田前往横手。当我途经六乡时，发现道路左边的木桩上还写着字，说是通往和平街道的捷径已经修好了。我心想，既然已有捷径，那我又何必再绕路至横手呢？于是我就向左走进了这条捷径，但令人失望的是，由于这条路刚建成不久，连个能够正经吃饭的地方都没有，所以我只得在路边茶店吃一些怪异的午餐来填饱肚子。顺着这条捷径继续往下走，便越来越靠近山口，附近的人烟也渐渐稀少起来，在心生不安的同时，我又感到有些怀念。再往后便进入了山间小路，虽说是山路，路况却意外良好，加上附近草木稀疏，山下的大小村落都一览无余，叫人心情十分舒畅。不过，由于山中人烟罕至，我在路上既没看到过其他旅客，也未碰见过樵夫，更不要说供人休憩的茶店了。待我登上山顶，才发现对面还有一座更高的山，两山之间形成的峡谷也深不见底，峡谷中既无森林，也无农田

7◎奥羽：即陆奥国和出羽国。相当于现在日本的东北地区，包括青森、秋田、岩手、宫城、山形、福岛六个县。

和人家，散发着一股凄清之美。之后我沿着山脊蜿蜒的小路漫不经心地向山下进发，不知走了多久，远处谷底的平地上隐隐约约能看到一些零零星星的小点，让我感到十分不可思议，但当我再往下走一段路时，才发现刚刚看到的小点原来是牛群，这更让我感到诧异，牛的数量有四五十头，但周围丝毫不见人的踪影。再向前走了一阵子之后，路旁的荆棘丛中突然传来声响，把我吓了一跳，再凑前一看，原来是只牛，之后头顶山崖处也传来了沙沙的响声，抬头一看果不其然还是牛。此时正前方又传来了声响，我刚想着怎么又是牛，结果这回迎面出来的却是个人，原来这附近还是有放牛人的。当我看到山崖下方聚集的牛群时，才意识到自己已经抵达了之前下山时看到的平地。还有一些牛跑到了路上，让我有些困惑，好在它们看到人之后会主动避让，所以并不妨碍我前进。当我沿着同样的山路走过两三个小镇后，突然在左侧的山崖边发现了一片长满树莓的灌木丛，而且跟之前猿马场山上瘦小的草莓不同，这里的树莓都十分饱满，我高兴极了，像是个几星期没吃过饭的饿死鬼似的，抓起树莓就往嘴里塞，同时我又害怕牛会突然从背后偷袭过来，便时不时回头探两眼，确认过安全后便又大口大口地吃起树莓。由于吃得太过忘我，等我再看四周时，发现天色竟然已近黄昏，尽管有些意犹未尽，我还是急匆匆地离开了这片树莓丛。在下山之余，隔着树林间的缝隙向山脚看去，底下的村庄几乎要和夕阳融为一体了，构成了一幅美丽的落日画卷，但想到距离那些村庄还有好一段路要走，我心中又有些许不安。

1895年5月底，我因病住进了神户医院。当时虚子[8]和碧梧桐[9]都前来探望，给我带了许多慰问品，但那时我身体十分虚弱，连喝牛奶的胃口都没有。于是我便在医生的许可下，每天托人给我带一些草莓。而且还不能是市场上卖的草莓，因为它们不够新鲜，所以虚子和碧梧桐便会轮流着每天早上为我去田里摘来新鲜的草莓。我就在病床前等候，顺便在大脑里想象他们摘草莓时的样子。由于当时的草莓让我久久不能忘怀，所以在出院之后，我便在自家庭院的围墙边种起草莓供自己品尝。

○食御所柿[10]

1895年，从神户医院出院以后，我便辗转在须磨和老家之间，最后在返回东京之前，我又顺路去了一趟大阪，此时已是10月的末尾。这时我的腰痛刚开始发作，尽管走起路来有些困难，但我还是不顾病痛选择前往奈良游玩。在奈良逗留的三天里，好在病情没有加重，我才逛得十分尽兴。当时正是柿子丰收的季节，奈良各地的柿林都有一

8◎虚子：即高浜虚子（1874—1959），日本俳句诗人、小说家。师事正冈子规，他继承了俳志《杜鹃》，并担任了主持，培育了众多的门生。
9◎碧梧桐：即河东碧梧桐（1873—1937 ），日本俳人、随笔家。
10◎御所柿：日本奈良县御所市原产的甜柿品种。

种说不出的风情。一直以来，柿子都被诗人和歌人所忽视，我也从未想到奈良还能和柿子搭配在一起，这一新鲜的组合给我带来了极大的乐趣。

一天夜里，在用过晚饭之后，我心血来潮，向旅馆的女佣询问道：

“你们这儿还有御所柿吗？”

“回客官的话，我们这儿最不缺的就是御所柿。”女佣答道。

自从离开家乡之后，我已经有十年没有吃过御所柿，对它的味道甚是想念，于是我立即对女佣说：“给我多拿些来。”

没过多久，女佣便端来一个直径约为四十五厘米的大盆，里面装满了御所柿。虽然让她多拿些的人是我，不过这数量还是有些出乎我的意料。随后，她拿来菜刀，开始为我削起了柿子皮。虽然我本意是吃柿子，但在不知不觉中又为那女佣削柿子时稍稍低头的样子所着迷。她的年纪大概只有十六七岁，皮肤白皙如雪，眼睛和鼻子的形状都无可挑剔。由于她说自己来自月濑村，我甚至怀疑她是梅花仙子[11]下凡。过了一阵子，她将削好的柿子递给我，然后又默默地削起了别的柿子。

柿子美味，人也美。正当我沉醉于眼前的风景之时，

11◎梅花仙子：月濑村被称为“梅林之乡”。

突然“咚——”地传来了一声钟响。

“哎呀，初夜的钟声[12]响了。”她削着柿子皮说道。

我对这初夜的钟声十分好奇，便问道：“这钟声从哪儿来？”

“从东大寺来。”

“东大寺就在我们头顶吗？”

“差不多，就在这附近。”女佣说罢，见我满脸狐疑，便走到外边打开了房门——哦，东大寺还真就在我脑袋对准的方向[13]。随后，她又指了指更远的地方，告诉我每天夜里都能在大佛殿后头听见鹿的叫声。

〇食桑葚

我去信州的时候正值养蚕时节，所以沿路的桑田都很茂盛。进入木曾之后，山川之间的狭窄地面几乎全是桑田，其中还有一些大桑树多年未被修剪，上面的桑葚个个乌黑发亮，而我自然不会错过这样的美味，二话不说便把它们摘入口中。虽然桑葚的味道还未被世人所熟知，但它的美味绝不是一般水果能够比拟的。只要看到有桑树，我就会义无反顾地跑过去，不吃完树上的桑葚绝不停手，因此那

12◎初夜的钟声：寺院在每晚八点左右敲的钟被称为初夜之钟。

13◎当时“我”正侧卧在客间。

天我只走了六里地。到了寝觉之床[14]后，有人向我推荐当地有名的荞麦面，可那时我的胃中早已装满了桑葚，哪里还吃得下其他食物。

〇食胡颓子

同样是去信州旅行时，我发现路边一户人家种的胡颓子已经涨得通红，便突然涌起一股强烈的食欲，但我走遍各种零食店都找不到卖胡颓子的地方，有时在路边玩耍的小童还会一边吃着胡颓子，一边像看怪人似的看着我。后来我沿着木曾路走到了坐落于木曾第一险峰——鸟井峰山脚下的贽川，在这里还能买到木曾有名的蕨菜糕。我就在附近的大间茶店里稍作休息。茶店老板娘看起来只有三十岁出头，眉毛当然已经剃过[15]，全身上下也都十分白皙。我见店前拴了一匹马，便向老板娘说明我要登鸟井峰，问她有没有空余的马可借。她告诉我在外头休息的马正好刚送完货回来，还替我将马夫喊了进来。那马夫还是个十三四岁的孩子，我跟他小谈了一阵，最终将租金定在了十钱，一想到只要花这点小钱就能免去徒步登山的艰苦，

14◎寝觉之床：位于长野县木曾郡上松町，是日本五大名峡之一，国家级风景名胜。据说因为这里是日本童话里浦岛太郎梦醒的地方，所以被称为寝觉之床。

15◎过去日本的已婚女性一般会先将眉毛剃光，再通过化妆描出眉线。这样的习俗直到西洋文化传入日本之后才渐渐衰退，但也许是因为贽川宿（今长野县盐尻市）与西洋文化的传播源——东京相距较远，所以当时这里仍旧保留着剃眉化妆的习俗。

我就高兴得不得了。但店里的其他男人却捉弄那小马夫说他白赚了十钱，听起来像是在暗讽这租金太贵了。然后老板娘便问我要不要蕨菜糕，我说我不要蕨菜糕，我要胡颓子。但她却不知这胡颓子是何物，便向男人们询问，结果店中竟没人认识胡颓子。于是我只得手舞足蹈地凭空描绘出胡颓子的模样，老板娘这才猛然醒悟道："噢，您说的是山茱萸呀。我们后院可长了不少，您不妨过去瞧瞧？"我去后院一瞧，果不其然，在一块大约七平方米的土地上长满了大小各异的胡颓子。

"我能摘一些吗？"我问道。

"您想摘多少摘多少！"

得到了许可，我便毫不客气地摘了起来，这时旁边又走过来一个男人说要帮我，我回头一看，才发现老板娘也特地走了出来，像是在吩咐些什么。因为已经装满了一手帕，我便起身回屋，问这些胡颓子要多少钱，老板娘连忙答道"不要钱，不要钱"。所谓盛情难却，把少许茶钱放在桌上之后，我便乘上了马背，老板娘和店里人则纷纷出来郑重地向我道别。没想到在这木曾路，就算我戴着草帽也能受到如此款待。

于是马儿就这样慢悠悠地载着我向鸟井峰前进，它看起来比较老实，似乎用不着担心。但在靠近悬崖峭壁时，我还是不禁要为它捏一把汗。但我也没什么可做的，只能从手帕里取出胡颓子一颗一颗地放进嘴里。身边是鸟飞绝的万丈悬崖，脚下是直通南浓的绵延山峰，想到自己在这样壮丽的风景中乘着马儿缓缓前行，尽管嘴唇泛紫，但依旧痛快不已。不知过了多久，胡颓子终于被我吃完了，这时手帕也早已被染得通红，想必用不了多久就能抵达鸟井峰顶了吧。

饮料——

佐藤春夫

有时我会想，

香槟会不会就是人们为了还原弹珠汽水

那欢快的味道而制作出的成人饮料呢？

自我迈入暮年，身材也愈发肥满，现在我的体重已超过67公斤，内衣也要比常人大上不少。虽然现在是这副样子，但我真正开始发福其实是在四十岁之后，年轻时的我瘦骨嶙峋，但体质却如青刚栎般结实，身高将近五尺六寸[1]，体重则在45公斤左右。

过去，因为身材瘦削，体脂较少，我从未因炎热而感到苦恼，与汗水也是毫无缘分。而现在的酷暑却令我无比厌烦，汗水也总是源源不断地冒出皮肤表面。尽管从过去到现在，我的身体已经发生了巨变，但在一年四季中我对饮料的需求则从来没有发生过改变，在夏天这一需求尤为旺盛。

一般来说，如果一个人总是离不开饮料，那这人要么是个酒鬼，要么有什么精神上的需求，但我既不属于前者，也不属于后者。我想喝饮料，就像植物想要补充水分一样稀松平常。

最开始我说自己想写一篇文章向人介绍一些喝的东西，

1◎五尺六寸：折合身高约171厘米。

却被人反问道：“您准备介绍酒？”于是为了防止误会，我才将标题改成了“饮料”。

二十出头的我也曾因血气方刚而学着大人的样子喝过一些酒，不知是不是因为酒和我的体质不合，我最终并未成为酒鬼，但出于对酒味道的喜爱，我也曾独自花上整整一天的时间，喝空过一瓶尊尼获加。但这并非常态，平日里我都是三杯封口，酒到三杯为止都是天之美禄，但三杯过后我就不愿再往下喝了。首先，如鸡血一般赤红的脸颊会让我苦心经营的美男子形象毁于一旦，所以越是有美人在场的情况下我就越会控制自己的酒量，超过三杯一律谢绝。如果对方愿意以佳肴代酒，允许我三杯封口，那我定会舍命陪君子，不过还有一个前提是，酒一定要是名酒，毕竟我也是个对酒略知一二且任性而高傲的左撇子，虽然我很乐意与人共享酒间之趣，但若是要做醉汉的酒友，就请恕我难以奉陪。

因为我比较喜欢喝少量的烈性浓酒，所以大众喜爱的啤酒很不合我的口味。我并非接受不了啤酒的苦味和冰凉感，真正的难点在于啤酒下肚之后，它总会让人在醉意正酣时涌起尿意，叫人好不扫兴。由此看来，啤酒不过是个不知时宜的利尿剂罢了，因此多年来我对它都是敬而远之。不过，最近那跟我完全不像的犬子结交了一位酒豪朋友，便时不时会把啤酒带回厨房，不知是不是因为不好意思独自享用，他总会为我也献上一杯，于是就在陪他喝啤酒的这段日子里，我渐渐发现啤酒其实也不失为一种好酒。

但我写这篇文章的本意并非谈酒，而是为了跟大家谈一谈普通的水、茶或果汁。

在我就读于高等小学[2]时，也就是当我还只有十一二岁的时候（刚好是半世纪以前的事情），恰好认识一个家中经营弹珠汽水工厂的玩伴，他经常带我去工厂参观，还请我喝刚生产出来的弹珠汽水。虽然那时的弹珠汽水并不像茶或酒那样值得玩味，但它有一种类似于烟花的、欢乐的味道，而现在它则充满了我宝贵的童年回忆的味道。有时我会想，香槟会不会就是人们为了还原弹珠汽水那欢快的味道而制作出的成人饮料呢？

我之所以被西洋人的生活所吸引，是因为在他们的生活中，除了理性之外，总保留着一丝童真。比方说香槟、打火机和行道树，这些东西不仅具有实用性，更像是孩子们的玩物，而我也很乐于在其中寻找东洋人所陌生的享乐感。它们不仅具有一种异国情调，还能触动我的童心。

说到香槟，最初的苹果汽水也被称为香槟汽水，它大概是从弹珠汽水发展而来的流行饮料，另外还有一种名叫姜汁汽水的饮料也和它同时问世。当时，父亲喝起啤酒总要喝上一打，但年过四十之后，他毅然决然地选择了戒酒

2◎高等小学：存在于明治维新至二战爆发前的前期中等教育机构，略称为高小。相当于现在的初中（初一和初二学年）。

(一方面是为了身体健康着想，另一方面是为了给孩子们树立榜样)，于是，作为酒的替代品，他将患者每年在中元节送来的啤酒送到酒铺换成了香槟汽水和姜汁汽水，然后带回家和我们一同享用，这也是我与这些汽水的初次接触。

当时我们家分为苹果汽水派和姜汁汽水派，而我则断然喜欢后者。但后来姜汁汽水渐渐淡出了人们的视野，如今市面上只剩下苹果汽水，恐怕已经没有几个人还记得曾经有过这么一种叫作姜汁汽水的饮料了。我至今还时常回忆起姜汁汽水，渴望再次尝到它的味道，但与此同时，我又不禁为总与我的喜好背道而驰的世态感到讽刺而悲哀。我最后一次喝到姜汁汽水是在“燕子号”列车的餐车上，印象中装汽水的瓶子上还有象印[3]的商标，至于现在还能不能买到我就不得而知了。

在后来出现在市面上的各种饮料里，我最喜欢的是无味苏打。因为这种苏打近似于一般的水，所以它的水质极为重要。露伴[4]在浅间山麓的小诸市外的清水乡拥有一套山中别墅，他称清水乡的泉水为天下第一的名水，说自己每年都十分期待着夏天能够去别墅品尝那里泉水的味道。因为江户人总喜欢夸大其辞，所以这泉水也未必如他口中

3◎象印：一家主要生产及售卖保温瓶及其他煮食用具，如电饭锅、电热水壶、电热烧烤盘等商品的企业。

4◎露伴：即幸田露伴（1867—1947），日本理想主义派小说家，代表作有《风流佛像》《五重塔》《命运》等。

那般值得期待，不过将来如果有机会，我还是想掬一捧清水乡的清泉尝个究竟。

好水最适合用来泡茶，但最近我总是遇不到好茶，这大概是因为东京的水泡不出茶的味道。

这段时间，每天早晨起床后我都要喝一大杯由苹果和胡萝卜通过擦菜板榨成的自制果汁，它不仅是一种卫生饮品，其中富含的胡萝卜和苹果的鲜味也极为可口。因为现在并非苹果丰收的季节，所以市面上能买到的只有人们以前贮藏起来的苹果，味道自然难以恭维，但在营养面前味道算不上什么问题。除了大杯苹果胡萝卜汁外，我每天早上还要喝两三杯咖啡。

白天我总要喝一些在冰箱中冷藏的可口可乐，它具有一种不同于以往任何饮料的崭新味道，叫我非常喜欢。不过可口可乐在日本似乎也没什么人气，但愿它不要重蹈姜汁汽水的覆辙就好。过去我曾经被迫喝过一次未冰镇过的可口可乐，那味道着实令人恶心，不过转念一想，清凉饮料似乎都是这样，只有在冰凉状态下才能散发出其最真实、最完美的味道。

晚餐过后，我喜欢喝一杯榨汁牛奶。在榨汁方面，我用搅拌机试过不少水果，但最后发现还是用夏蜜柑榨出的果汁最适合搭配牛奶。

一般来说，用搅拌机搅出来的东西味道都不会太好，而且把胡萝卜或苹果放入搅拌机中也搅不出什么味道，所以通常在做胡萝卜汁和苹果汁的时候，我都会选择擦菜板。

现在人们似乎普遍认为，搅拌机是无用之长物，但它终归也是文明之利器，只要我们稍下功夫，也能发现一些有趣的用法。我就知道一个妙招，可以让你在没有砂糖和红豆的情况下，只要借助搅拌机就能立刻做出一道一流的豆沙年糕汤。这个妙招虽然是我们家祖传之秘法，但在此我想把它偷偷地传授给各位读者——想要立刻做出一道一流的豆沙年糕汤，只需要把羊羹放入搅拌机中搅拌，然后倒入热汤即可！羊羹自然是越上等越好！我可以毫不负责任地说，嘲笑我的这一妙招，就相当于是在嘲笑哥伦布的鸡蛋。

荷花

庶民的食物——

小泉信三

我还听说过不少关于人在吃饭时掷筷而泣的故事，

所以在吃饭时变得多愁善感的人肯定不止我一个。

外国人似乎不会直接用火烤鱼，虽然我在西洋旅行时走遍了大街小巷，却从来没有闻到过烤鱼的味道。烤鱼时散发出的烟雾穿过房檐，在晚霞中化作一道道青烟的景象是日本所独有的，其中包含着浓浓的乡土与四季的气息。

提起烤鱼，我首先想到的是秋刀鱼和沙丁鱼，在日本，任何人都只需要花非常低的价钱就能够吃到这两种美食，这是多么幸福的一件事啊。我的母亲也对沙丁鱼情有独钟，在我还小的时候（虽然这时的我更喜欢吃猪肉），她总是一边喂我吃烤鱼，一边祈愿道“如果天皇大人也能吃到这美味的鱼该有多好啊”。她似乎认为秋刀鱼和沙丁鱼这类下等鱼不会出现在皇宫的餐桌上，后来我向宫里人打听之后才发现事实并非如此。话说回来，据说由于人类，尤其是勤劳勇敢的日本渔民的过度捕捞，鱼的数量正在不断减少。鲑鱼、鳟鱼和螃蟹固然可贵，但为了不断增多的人口，我们首先不能让价格亲民的秋刀鱼和沙丁鱼灭绝。

提起秋刀鱼和沙丁鱼，就让人联想起热乎乎的米饭，虽然它们只是普通的家常菜，算不上什么奇珍异食，但只要能在家中吃到如此朴素而美味的饭菜，我们就会为此感到庆幸，并再次意识到有饭可吃对于人类而言是多么重要的一件事。我发现自己在吃饭的时候会变得多愁善感，时不时为他人的悲惨经历或励志故事而感动落泪。不知道唾液腺和泪腺之间有没有什么特殊的关系，虽然我没有去问过医生，但我还听说过不少关于人在吃饭时掷筷而泣的故事，所以在吃饭时变得多愁善感的人肯定不止我一个。

离我小时候在三田的居所的不远处，有一家颇具规模的米店，名叫丰前屋，据说是仰仗着福泽先生[1]的资助才从老家中津搬到这里的。每到傍晚，我都能目睹住在附近大杂院的妇人将过滤用的漏勺藏入围裙中，走进那家米店。那时年少的我才真正理解了贫穷的含义。后来，每当我在吃饭时回想起那样的场景，总会哽咽着吞下一团团饱含泪水的米饭。

虽然在政治上我不喜欢大肆宣扬民主主义，但在对食物的喜好上，我认为我应该是民主的。我也不太喜欢总是吃一些昂贵而不合时节的珍奇美味。凡是精巧的或是稀奇古怪的料理，我都敬而远之。虽然蜗牛和青蛙算不上特别古怪，但我还是不太能够接受。我还特地去查了“青蛙”一词的外语翻译，比如中文的“田鸡”和法语的“Grenouille”，以免因为看不懂单词而在不知不觉中误食

1◎福泽先生：即福泽谕吉（1835—1901），日本近代启蒙思想家、教育家，其头像被印在一万日元纸币上。

青蛙。曾经我在东京某家料理店吃过一道菜，叫什么“加贺白山的貉肉汤”，让我非常生气。首先是这个汤汁的味道，腥臭而油腻，实在难以下咽，不过对于味道的喜好可能因人而异，因此我们也没有必要过分苛责。但是店家究竟为什么一定强调这个貉肉产自加贺白山呢？如果是像松阪牛肉[2]这样家喻户晓的东西，你在上菜时强调这个牛肉产自松阪那还可以理解，但貉肉并非人们的日常食物，它的产地人们更是无从得知，那么店家究竟为什么要特意强调这一点呢？我看这就是在故弄玄虚。后来我围绕这件事抒发了一点我的看法，幸田露伴先生看到了我的文章，也托人告诉我，他深有同感。

虽然这样的事情不常发生，但只要有小餐馆的老板对客人摆出一副“我让你吃点好的”的居高临下的态度时，我都会非常不满。当然了，这样的老板固然令我不悦，而那些迎合老板，对着老板阿谀奉承的客人则更让我感到头疼。美国的某本杂志上曾记载了纽约某知名餐厅的领班服务员对于收取小费的心得。当记者询问他“给客人提供怎样的服务才能获得更多小费”时，他给出的结论是，比起献殷勤，对顾客采取冷淡甚至威吓的态度才能获得更多的小费。如果真如那位领班服务员所说，那么我方才所说的

2◎松阪牛肉：三重县松阪市及其近郊生产的黑毛和牛，是在日本国内和国际上有名的牛肉。

居高临下的老板反而算是一位老谋深算的生意人，而作为一名顾客，看到我的同胞们就这么轻而易举地上了老板的当，我又不禁感到十分惋惜。

粟

庶民风味之礼赞——

古川绿波

其实很多美食都藏在那些廉价、低档的市井小吃里。

在《芥川龙之介》(宇野浩二著)中，芥川龙之介先生向宇野浩二先生说了这样一句话——

“我们城里人平时根本不会去什么一流料理店，不过菊池君和久米君好像觉得只有常常出入高级料理店的人才算得上美食家呢。”

芥川先生真是说到我的心坎里了。所谓的一流料理店，一定是有档次且价格昂贵的地方吧！如果你只凭借着在这种高档的地方吃饭，就以美食家自居，那就大错特错了。当然我也不是要你远离一流料理，偶尔吃一吃，怡怡情也是可以的。不过，其实很多美食都藏在那些廉价、低档的市井小吃里。所以我觉得美食家们也应该去尝一尝那些廉价的市井风味。

就拿天妇罗来说，像那种高档的料理店，还会给你准备一个专用的日式房间，然后大家围坐在锅前享用刚炸好的天妇罗。你既可以蘸着特制酱汁吃，也可以凭自己喜好撒上食盐、味精，最近还有店铺会给客人提供拌着咖喱粉的天妇罗呢。按照这种一流料理店的上菜顺序，等你吃完了这新鲜的天妇罗，他又会给你上些什锦天妇罗来配饭，还有好事者喜欢把天妇罗放在茶泡饭里，美其名曰“天妇罗茶泡饭”，还说这样的天妇罗更具风味。

但我要是说，比起这种高级料理，天妇罗盖饭才是最美味的天妇罗料理，你会不会感到惊讶呢？其实传统的天妇罗都是用芝麻油炸出来的，所以它的颜色会有点黑。也就最近这几年，有人觉得这个黑色俗气、不美观，才抛弃了芝麻油，改用色拉油或玉米油来炸天妇罗。我觉得这种风潮应该是从关西流行起来的。不过，最近就连东京的天妇罗店都基本不用芝麻油（有的店铺虽然有用，但只会稍微加入一点），改用色拉油和玉米油了。所以我们现在吃到的天妇罗外观都金黄剔透，味道也十分清爽，就连我这个老头子吃起来也不会觉得腻。

但作为一个土生土长的江户人，我必须要说，这种天妇罗根本没有我们家乡的味道。只有那种吃完之后能让人胸口一热，打出一个油气冲冲的饱嗝的天妇罗，才算得上正宗！要想炸出这样的天妇罗，就必须用上我们纯粹的芝麻油，而不是像色拉油或玉米油那样的“歪门邪道”。包括我刚刚说的天妇罗盖饭，也一定得用上芝麻油。最近的店家在做天妇罗盖饭时，用的也都是那些精致少油的天妇罗，一点也不正宗。

首先，天妇罗本体当是暗淡的茶褐色，它的皮要柔软蓬松，仿佛要向外扩张一样。另外，天妇罗的油汁也要渗透到盖饭里（啊啊，写着写着我都要流口水了），然后我们就要一边呼呼吹走热气，一边把那热腾腾的天妇罗盖饭送入口中。只有这种需要一边吹气一边吃的天妇罗盖饭，才算得上地道。

而我们绝对无法在所谓的一流料理店里品尝到这种绝对称不上优雅的、廉价的市井风味。

这就是市井风味的魅力之所在。这个魅力不仅限于天妇罗，还有许多市井风味也要远远胜过一流料理，比如关东煮[1]。

关东煮也不会出现在一流料理店。因为它太过廉价且没有格调。如果想吃地道的关东煮，你最好选择那些除了关东煮以外只提供烫酒和茶焖饭的移动关东煮摊，而不是有着正经店面，还额外提供各种小菜的店铺。最近，关东煮的料也发生了一些变化。有人把水煮蛋塞进萨摩炸鱼饼[2]里，叫它“炸蛋”，还有什么牛蒡卷、虾卷，都是以前没有的。在我年轻时，如果去了关东煮摊，店老板都会问：

“我们这儿有竹轮[3]、鱼肉山芋饼、八头芋和油炸豆腐块，您要来点啥？”

1◎关东煮：通常材料包括煮鸡蛋、萝卜、蒟蒻、海带结、魔芋丝等，这些材料会放在昆布或者鲣鱼汤里煮。可以用来佐饭，也可以当作小吃单独食用。

2◎萨摩炸鱼饼：一种起源于日本九州南方鹿儿岛一带，以鱼浆制成的油炸食品。

3◎竹轮：日本传统食品，做法是把鱼肉泥、面粉、蛋白、调味料混合，裹在竹签或细木枝上并以火烤或蒸熟。

而我则会答道："那就给我来份油炸豆腐块和魔芋吧。"

有时候老板还会告诉我"魔芋还比较年轻……"，现在的人听了可能一头雾水，这里的"年轻"其实指的是魔芋还没有完全煮透。呃……我好像有些醉了。

但我还是要说，你永远没法在一流料理店品尝到关东煮这样的市井美食，这可不是什么醉话。

除了关东煮以外，还有数不清的市井风味能够超越一流料理呢。比如过去在浅草甚是有名的牛肉盖饭，我们叫它"狗粮"，一碗只需5钱[4]，而大碗牛肉盖饭则被称作"大盖饭"。

虽然名叫"牛肉盖饭"，但老板绝对不会用上正经牛肉，而是将牛的内脏或牛皮和辣椒拌在一起煮到烂成一团，然后把它们浇在米饭上面，那种黏糊糊的味道我至今难以忘怀。

啊！市井风味！

4◎钱：1钱等于0.01日元。

小麦

第四辑※食之忆

纵观人的一生，痛苦的时间也总是比快乐的时间更长，所以喝酒和生活其实是一个道理。

关于食物——
芥川龙之介

而谷崎润一郎君则要加入西洋酒来熬煮，
那味道想必不是一般的鲜美。

金泽方言里的“看起来很好吃”其实是“胖”的意思。据说金泽人看到胖子都会说“那个人看起来很好吃”。这个方言听起来颇有食人族的味道，十分有趣。

每当想起这个方言，我都会习惯性地把我的朋友也看作食物。

用里见弴[1]君的肉做成的松皮刺身一定十分松嫩可口。把菊池君的鼻子和香菇一同炖煮之后，它的肉质一定非常肥美弹嫩。而谷崎润一郎君则要加入西洋酒来熬煮，那味道想必不是一般的鲜美。

用北原白秋[2]君做成的肉排也一定十分美味，另外，我之前就在别的地方提到过，由宇野浩二君做成的烤肉肉质定是一绝。而料理佐佐木茂索君时则不用加任何调料，直接把他做成串串烧便可。

至于室生犀星[3]君，目前他就坐在我的正对面，虽然非

1◎里见弴（1888—1983）：日本小说家，作家有岛武郎的弟弟，“白桦派”代表人物。

2◎北原白秋（1885—1942）：日本童谣作家与诗人。

3◎室生犀星（1889—1962）：日本诗人、小说家，别号为“鱼眠洞”。

常过意不去，但我认为……唯有将他做成干货为好。而且我相信他本人一定也会非常珍重地品尝这个由自身血肉做成的干货。

荞麦

每逢季节交替——

片山广子

荞麦面的长度让夫人吃不消，

而短面的长度却使我心生寂寥。

武藏野总是在季节交替之前就刮起了秋风，霜雪也总是提前到来，夏天的小草也长得更快。我家就在武藏野的一片草原附近，在那儿生活了几年之后，我发现只有当季的食物最为好吃和便宜。

从冬到春，我们最容易入手的蔬菜有日本人最爱吃的萝卜、白菜、菠菜和芜菁，水果方面有苹果和橘子，这些食物就够我们吃半年左右。在十二月或一月出头，市面上就能买到柿子干，我们只要将捣碎的柿子干和醋味生鱼丝搅拌在一起就能获得一道独一无二的美食。由于冬季东京西北田地里的葱长势不佳，而大森和池上附近的细长且味道浓郁的葱也不好入手，所以我只得打消了将葱作为防寒料理的念头。草莓是入春之后大自然赠予我们的第一份礼物，等到春深，颜色各异的豌豆花会把家家户户的庭院和围墙打扮得美轮美奂，而长成的豌豆则足够我们吃到春夏之交。竹笋外形独特，有着独特的日式风味，但它终究只是季节性的美食，不适合每日食用。另外，我们在《竹取物语》[1]

1◎《竹取物语》：创作于十世纪初的日本文学作品，又名《辉夜姬物语》。

和《源氏物语》中都能看到对竹笋的记载，可见它是一种古老的食材。而蜂斗菜比竹笋更具田园风格，当我在后院里收获蜂斗菜的时候，耳边仿佛响起了春天朝圣者们的歌声，它比树莺还要更早地告诉我春天的到来。

初夏的空气中弥漫着夏蜜柑的香气，水果店也被装饰成一片黄色，也许夏天与酸味很搭，但它们似乎酸得有些过头。再往后我们就可以买到小巧可爱的“新马铃薯[2]”。比起一年四季都能吃到的苹果和柑橘，枇杷和桃子这样的水果只存在于夏季。不知吉田的桃林中是否还像以前那样长满了水蜜桃。我在东京从未吃到过好吃的桃子，凡是外形漂亮、鲜美多汁的桃子，大多都是从外地千里迢迢运过来的。五月到七月之间，我们还有吃不完的西红柿。另外，武藏野附近的黄瓜也都是上等货，可以一直吃到秋天。所谓冬吃萝卜夏吃茄，和冬天的萝卜一样，夏天的茄子料理也是所有日式料理中最美味、最具家庭气息的一种。

等树上长出了青苹果，就意味着秋天来了。丰收的柿子、梨子、葡萄、包菜、红薯、南瓜、栗子和香菇等各种蔬果会让我们回忆起过去日本的丰饶和美丽。

如果要像蔬果店那样列出每个季节的蔬菜和水果，那么我们该把牛蒡和胡萝卜放到哪个季节里呢？它们既可以

2◎新马铃薯：春天刚收获不久的马铃薯。一般秋天收获的马铃薯还要储藏一段时间才会成熟，而新马铃薯则没有上述的储藏步骤，刚出土就会被送去市场。因此，跟普通马铃薯相比，新马铃薯更为水嫩柔软。

被做成小菜，也能被做成西餐，既会出现在春天赏花的便当里，又会出现在正月的炒牛蒡丝里，这样看来，我们几乎一年四季都要和它们打照面。

说到秋天的水果，自然不能忘了八月的西瓜。西瓜的果肉呈唐菖蒲似的淡红色，入口即化。虽然冰淇淋和奶油蛋糕也会在嘴里融化，但和它们不同的是，西瓜的味道甘甜清爽，因为害怕它会像水一样消失不见，我甚至舍不得把它吞进肚里。没想到，经历了战争之后，我竟变得如此小气。

在战争爆发前，我的老朋友——B夫人，曾经请我们吃过一种东西结合的料理。

无论春夏秋冬，B夫人总会招待四五名弟子来家里做客，并请她们吃牛肉派。夫人只身一人从美国来到日本，一边向太太们传授英语和西洋礼节，一边协助美国大使馆的工作。当时我正好清闲，便也经常出入B夫人家，不过这都是距今十几二十年前的事情了。

B夫人对牛肉派甚是喜爱，家中的日本主厨也对她的口味拿捏得很准，每次B夫人邀请太太们来家中进餐时，都会将牛肉派作为主食，再添上一些精致的小菜。我第一次被邀请到B夫人家吃午餐是在一个阳光明媚的秋季正午，当时主厨给我们上了几碗白色的文蛤汤和一大块牛肉派，这牛肉派是将混入香辛料中浸煮过的牛肉片塞入面团后烘烤而成的。B夫人将牛肉派切成小块，再放入客人专用的盘子中，供我们自由挑选。除了牛肉派之外，还有照烧小鱼块（味道是西洋风）、油炸一口茄[3]、白芝麻醋（醋用来替代沙拉）、拌芋头茎、饼干和咖啡，夫人将这些菜称为“小菜午餐”。我也不记得当时自己吃了多少盘牛肉派，只记得桌前众人在饱餐一顿之后都露出了惬意的笑容。

第二年春天，我再次受邀来到B夫人家中，这次的汤是装满了银鱼肉的日式鸡蛋羹，牛肉派中混入了新鲜采摘的生蘑菇。还有将慈姑泥[4]和鸡蛋混合之后油炸而成的小菜，以及用竹笋和莲藕煮成的八宝菜、少许蔬菜沙拉、淡红色的冰淇淋、由粽叶包裹的蒸包和咖啡。这些精致的菜肴颜色各异，将餐桌点缀得五彩缤纷，它们已经远远超出了“小菜”的范畴。

我下一次受邀是在七月份，印象中这次午餐里没有牛肉派，取而代之的是一些午餐肉。还有小虾料理、黑芝麻拌四季豆和芦笋，最特别的一道菜是水果沙拉，里面的阵容十分豪华，有香蕉、菠萝、水蜜桃、脐橙、葡萄干和核桃，饭后甜点还有长崎蛋糕[5]和煎茶。

后来，为了给即将回国的B夫人饯行，我和另一位太太便招待她一起品尝了一些小料理。我们三人亲密地坐在

3◎一口茄：切得很小的茄块。

4◎慈姑泥：以毛慈姑、核桃仁为主料制作的药膳。

5◎长崎蛋糕：也被称为卡斯特拉，是一种自十六世纪开始在日本长崎发展起来的蛋糕。

狭小的和式客厅里，B夫人对鲷鱼生鱼片、盐烤大香鱼和炖板栗很是满意，还对由金参和小芜菁做成的味噌汤大加赞赏。

“金参还在海里的时候是一种黑色柔软的生物，被称为海参，而晒干之后的海参则被称为金参。”另一位英语较为流利的太太有些语无伦次地解释道。不过，我想夫人应该很难搞懂那黑色柔软的生物究竟是什么。

“您喜欢荞麦面吗？”我们接着问道。

“嗯……”夫人的眼珠转了转，“味道是不错，但它的长度让我有些吃不消。”

在吃政府配给的短面时，我想起了B夫人以前说过的话。荞麦面的长度让夫人吃不消，而短面的长度却使我心生寂寥。看着眼前的短面，我开始思考岁月的变迁。

酒前酒后——坂口安吾

酒后无德对我而言已是家常便饭，

而一旦酒醒我又会后悔莫及，

陷入深深的自责中，这是所有酒徒的通病。

我不喜欢日本酒和啤酒的味道，不过我喝酒只是为了灌醉自己，而不是为了品尝，所以每次喝酒时，我都会屏住呼吸，像喝药一样把酒灌进肚里，直到醉得不省人事为止。虽然我人高马大，但我的胃却不是很好，所以每次我捏着鼻子喝进去的酒，到最后都会被我统统吐出来，徒留痛苦，但我并不会因此而停止喝酒，而是明知酒有苦，偏向苦酒饮。在所有酒里，只有干邑白兰地和威士忌能让我欣然入口，但现在我手头没有这些酒，想喝也喝不着。就连琴酒、伏特加和苦艾酒都要好过日本酒。像这些只需喝几杯就能醉的酒，无论口味如何，终究算是好酒。

因为我只是为了灌醉自己而喝酒，所以酒后无德对我而言已是家常便饭，而一旦酒醒我又会后悔莫及，陷入深深的自责中，这是所有酒徒的通病。虽然清醒后的痛苦要久于酩酊大醉时的快乐，但纵观人的一生，痛苦的时间也总是比快乐的时间更长，所以喝酒和生活其实是一个道理。醉酒即痛苦，恋爱与失恋的痛苦也是一样的，虽然和女人相见会使我们倍感快乐，而一旦分别又会使我们坠入痛苦的深渊，彻夜不能入眠。当男女二人进入恋爱关系中时，女方总是更为坚强且注重现实，这也是女酒鬼要更少一些的原因。

女孩那时候十七岁，比二十八岁的我整整小了十一岁。尽管她年岁尚小，但已经是一个不折不扣的大酒鬼，她总是一口气喝下一整杯威士忌，虽然我不记得她具体喝了多少杯，总而言之她非常放荡不羁，我记得有一次她打碎了店铺的花瓶，老板让她赔六块钱，谁曾想她二话不说又敲碎了另一个花瓶，然后从口袋里掏出了十二块钱甩在桌上。虽然她经常住在其他男人家，或是跟着男人出去旅行；虽然她总跟我强调自己不是处女，但我觉得，她应该还是处女。日本桥那里有一家叫作“温莎”的洋酒吧，专门接待艺术家，而她就在那里做女服务员。当时常出入这家店的还有负责店内装饰的青山二郎，以及牧野信一、小林秀雄、中岛健藏和河上彻太郎等人，这些人都跟我同属一个文学团体，我们还在春阳堂出版了名为《文科》的同人杂志，于是这家店也自然而然地成了我们的聚集地。另外，我也是在这家店遇见了中原中也，直木三十五也来过这家店。除此之外我就不太清楚还有谁来过这家店了，因为当时的文人们总是孤城自守虎视眈眈，对于陌生的同行连看都不愿意看一眼。

虽然中原中也对那位十七岁的女孩心生爱慕，但由于女孩已经有了我这个心上人，所以他对我的恨意也由来已久。一天晚上，伴随着一声怒吼——“哟！你这霸权主义！”他突然起身，做出一副要打我的样子。但对这个不满四尺七寸[1]的小个子来说我可是庞然大物，因此他并不敢贸然靠近，而是在离我一米左右的地方模仿拳击手的样子左右跳动，还时不时地秀出他的摆拳和上勾拳。看到这般场景，我不禁捧腹大笑。在单人格斗中独自奋战了五分钟左右，中也便晕头转向地瘫坐在椅子上。我招呼他过来一起喝酒，他一边咕哝着“你是德意志的霸权主义，你厉害”，一边朝我这挤了过来，之后我们便成了频繁往来的真挚之交，他也不再过问那位女孩的事情。可见他对那位女孩用情也不是很深，说不定他真正的目的是想和我交朋友。后来他经常和另一位离过婚的女人来这里喝酒，这个女人也很不一般。

想起那位十七岁的小女孩，我便为我失去的光阴而感到惋惜。我的人生中再也不会发生像遇见中也君时那样荒唐有趣的事情了吧。不，二十八岁的我其实也还是个长不大的孩子。

当时，我刚和别的女人分手（而且尽管已经分手，我跟那个女人在感情上依旧保持着藕断丝连的关系），只把这个女孩当作暂时的替代品，但她却像八百屋于七[2]那样对我一片痴心，其他男人的花言巧语她根本不放在眼里。因为喜

1◎四尺七寸：折合身高约142厘米。
2◎八百屋于七（1668—1683）：日本江户时代的女性，以“于七火灾”事件而闻名。

欢的是我这个酒鬼，所以她在喝酒时也总是十分豪迈（不管什么酒她都是一杯下肚），喝完酒，我们总会在酒友们的欢呼声中大摇大摆地离开酒吧，然后叼着酒瓶在银座街道上摇摇晃晃，有时还会被巡查训斥几句，最终双双醉倒在不知何处的旅店里。不过，女孩却执意不肯和我发生肉体交涉。虽然她总会说自己不是处女，然后抱住我做出一些暧昧的举动，但我认为她既不知道处女究竟意味着什么，也对男女关系中最后的交涉一无所知。所以，尽管我和这女孩总是在中原中也、隐岐和一与西田义郎等酒友的呐喊助威下频繁地在各种旅店中过夜，但我们从未跨越最后一线。我觉得，在二战结束后出现的“飞来波女郎[3]”里，也许就有许多像她这样涉世未深的无知少女，而这类无知少女也往往只在表面上最为放荡不羁。

我在京都写《吹雪物语》的时候，房东的女儿年龄正值十七八岁，是京都有名的不良少女。虽然平日里玩世不恭，但她性格率真，待人亲切，直到后来遭三个中学男生玷污，乱了心神，她才开始走向堕落。也许这就是命吧，不良少女往往有着高尚的灵魂，但由于她们缺乏教养，便很容易走上歧途。

我这位十七岁的朋友在结婚后应该是一位贤妻良母。

3◎飞来波女郎（flapper）：20世纪20年代第一次世界大战之后出现的西方摩登女性，她们穿短裙、梳妹妹头发型、听爵士乐，张扬地表达她们对社会旧习俗的蔑视。

她精通法国文学，对日本古典文学也有很深的造诣，在阅读我的手稿时还会替我更正错字和假名[4]。这事说来惭愧，因为我对汉字和假名的知识大多来源于自己的杜撰，所以当错字太多时，我总要向这位十七岁的不良少女请教正确的写法。

因为我的肠胃不好，凡是喝日本酒或啤酒到最后总是要吐出来的，如果喝起来没有间断那吐得就更加惨烈，所以我总是喝喝停停，不断地换地方喝酒。其中我最喜欢的地方是火车上的餐车厢，因为火车的摇晃有助于体内酒水的消化，所以在那里我基本不会呕吐。这样看来酒后运动应该也具有同样的效果，我便想试试酒后跳舞，不过以前的舞厅都是禁酒的，非常叫人讨厌，所以我一直不愿去舞厅学跳舞。但喝酒后若不能运动同样十分痛苦，于是我只好请教酒吧的女服务员，让她教了我几天方块步。可这方块步也十分滑稽可笑，我宁愿去拜石井漠[5]为师，也不愿在酒后跳这种舞。那时候，只有干邑白兰地和欧柏威士忌能让我醉得舒服些，而尊尼获加的红方则像药一样有一股刺鼻的味道，难以入口。可现在我却连甲醇都喝得下去，看来我的味蕾已经比我的思想还要堕落了。

大约在1937年的1月至2月之间，我突然想试试在孤

4◎假名：指只借用汉字的音和形，而不用它的意义的日语表音文字。

5◎石井漠（1886—1962）：日本舞蹈家、现代舞编导家。日本现代舞创始人之一。

独的环境中进行写作，便披着棉袍急匆匆地赶往京都，请隐岐和一为我安排了住所。当晚，隐岐还邀请我去祇园的茶屋，当然了，醉翁之意不在酒，而在祇园舞伎也。但看了一圈下来，这些舞伎丝毫谈不上可爱，长相也不漂亮，妆容还很老气，讲起话来三句不离林长二郎[6]和水之江泷子[7]，没有半点传统教养，哪怕跟十五六岁的女学生聊天都比听这些舞伎讲话来得有意义。她们的舞蹈也毫无风采，无非就是把手翻来覆去，伸伸缩缩，还不如站着不动。我对眼前的景象大失所望，只得独自喝起了闷酒。

其中一个舞伎表示想去东山舞厅跳舞，于是我们便带着四五名舞伎连夜驱车前往舞厅，此时已经过了十二点。舞厅孤零零地坐落在东山半山腰，四周风景秀丽，如果不禁酒，倒还真算是个喝酒的好去处。

“您要一起来一段儿吗？”一个舞伎向我询问。

“好！”我立刻回答道。这是我第一次，也是最后一次在舞厅跳舞，只记得当时我还穿着棉袍，和我结伴那位舞伎身形十分娇小（在所有舞伎里她的个子也最小）。

在醉眼蒙眬中，我被舞伎悬垂飘逸的华丽腰带[8]深深地迷住了。她们在茶屋跳舞时我只觉得这和服平淡无奇，丝

6◎林长二郎（1908—1984）：日本著名演员，被誉为“日本美男子”，“林长二郎事件”后，改用真名“长谷川一夫”。

7◎水之江泷子（1915—2009）：日本女演员，素有“男装丽人”之称，是20世纪30年代的日本国民偶像。

8◎京都舞伎的特有装束，这种腰带最长可达五米。

毫没有美感，可没想到在舞厅的人群中，它却显得与众不同，周围人的装束跟它比起来都相形见绌，显得尤为寒酸。传统的威力果然不可小觑，但身披传统服饰的人却毫无内涵，空空如也，唯独娇小舞伎的和服在滑过人潮时那楚楚动人的姿态叫我如痴如醉，终生难忘。

食与故人——古川绿波

就在这时，

我明白了一个道理——

牛肉就应该配红葡萄酒。

追忆菊池老师

第一次见到菊池宽老师是在距今二十多年前，我还在读大学一年级的时候。

当时，文艺春秋报社坐落在东京的杂司谷，我就在那里给老师打下手。

距我们初次见面没过多久的一个下午，他邀请我去银座吃晚饭。

现在地处西银座的A-1已经变成了一家舞厅，而在当时，它还是一个乡村小屋风格的一流餐馆。

我想即便我不说各位也应该知道，当时还是一介学生的我自然没有财力在这样高级的餐馆中消费，因此这其实是我人生中第一次跨过A-1的门槛。

再加上我还要与刚认识不久的菊池老师面对面共进晚餐，所以那天我的表情十分僵硬，神经也绷得紧紧的。

“我只需要一碗汤、一份炸肉排和咖喱饭就够了，你要来点什么？”

“呃，我也点一份和您一样的。”

然后，我就像做梦一般，心醉神迷地吃光了相继而来的汤、炸肉排和咖喱饭。

老师用餐的速度令我感到惊讶。在喝汤时，老师手里的汤匙往来飞快，碗中的汤水只一眨眼的工夫就见了底。咖喱饭也一下子就被消灭一空……

生平第一次接触A-1料理，饭后甜点中巴伐利亚奶油的味道，以及加入了苏打水的柠檬糖浆，啊啊，这一切的一切都是如此美味，叫我难以忘怀。事实上，接下来的几天我只要回想起那天留在舌尖上的味道，便感觉舌头仿佛要融化了似的，无论再吃什么料理都如同嚼蜡一般，根本尝不出什么味道。

然而，据说当时一个人在A-1吃上一餐打底就要花费五日元，这对我而言无异于天文数字，所以我最终还是打消了再去那里的念头。

于是我便告诫自己，要想每天都吃到如A-1料理般美味的食物，就必须要有一千日元以上的月收入，就必须努力进取，发愤图强。

十多年后，我离开了菊池老师所在的文艺春秋报社，成为一名演员，每个月也总算是有了几千日元的收入。

不过，天有不测风云，不久之后二战爆发，食物日渐稀少，A-1一份套餐的价格也遵照政府命令变为了五日元以下的战时定价，街头甚至飘起了鲸鱼排和油炸海豚的味道。

后来，在拜访文艺春秋报社时，我向老师说道：

“我不断努力，只为了有朝一日能够随心所欲地享用美食。可老师您猜怎么着，当我终于获得了相应的地位，自以为苦尽甘来能够享受世间美味之时，最关键的食物，却消失不见了。”

老师听完后，笑得上气不接下气，久久不能停息。

久保田老师与炸肉排

过去，读过久保田万太郎老师的各种作品后，我一直觉得他就像是江户人的代表。

我认为他对于食物一定十分讲究，平时只吃江户前的料理。要是看到我在他面前吃炸猪排，他说不定还会骂我是个乡巴佬。

我是一个好以蛋包饭或炸猪排作为下酒菜的大百姓，虽然喜欢喝酒，但生来就接受不了江户前的料理。而且我的体质也极为麻烦，当我误食了江户人爱吃的鲣鱼和金枪鱼之后，还会产生食物中毒的症状。

所以，当我与久保田老师在某个高级料理店相遇时，我只能一个劲儿地喝着闷酒——我以为自己要是宣称想吃蛋包饭，定要遭到久保田老师的训斥。

但在宴会进入高潮之后，醉眼惺忪的久保田老师却吆喝道：“嘿，嘿，给我，拿块炸肉排来。”

没承想，堂堂江户的大美食家，也喜欢吃炸肉排？我感到有些意外，一脸震惊地问道："老师您居然也吃炸肉排？我原以为您的食谱里只有日本料理呢。"

"哎呀，我可吃不下什么生鱼片，还是什么炸肉排呀蛋包饭更适合我。"

我长舒了一口气——原来之前的担心都是多余的。

于是我便和老师一起接连吃了好几块炸肉排。

谷崎老师与葡萄酒

这是很久以前的事了，当时谷崎润一郎先生还住在兵库县的冈本町。

那时，我因杂志的相关事宜与冈田嘉子（听说越境后的她正生活在苏联的某个地方，但在当时，她可是日活[1]电影公司的大明星）一同登门拜访了谷崎老师。

事情谈妥后，老师对我们说："接下来我要去大阪，要不要一起去吃些什么？"于是我们便一同从冈本向大阪进发。

"该吃些什么呢？"

"你们想吃些什么？"

1◎日活：全称日本活动写真株式会社，是日本的电影制作发行公司，"活动写真"是电影（motion picture）的直译词。

最终，我们决定去位于宗右卫门町的本三宅吃烤牛油，便乘上了一辆一元出租车[2]。

谷崎老师在途中将出租车叫停，并跑到位于北浜的名为“SAMBOA”的酒馆买来了一瓶红葡萄酒。

至今我依然记得，那天的天气十分炎热，于是等到了本三宅之后，我们便立刻去澡堂中泡了趟澡，然后裸露着身体——除了冈田嘉子以外——围绕烤牛油的锅坐成一圈。

我们倒出红葡萄酒，吃着仍在滴血的牛肉，再将刚刚倒出的红葡萄酒也一并送入腹中。

就在这时，我明白了一个道理——牛肉就应该配红葡萄酒。

2◎一元出租车：一种固定收费一日元的出租车，只在大都市的市内接客，最早于1924年出现在日本大阪。

母爱之蟹——中谷宇吉郎

不过，

吃东西这事本来也不能请人代劳，

毕竟人还没有心有灵犀到味觉相通的地步。

加贺的“雪蟹”在东京等地也很出名，它是一种长腿蟹，体形也很漂亮。

这种蟹一般被称为“越前蟹”，其肉质如同白色大理石一般，口感细腻而有嚼劲，很受世人喜欢。

不过，在同一时期的北陆沿岸，人们还能捕捞到不少被称为“香盒蟹”的小型螃蟹。这种螃蟹的外壳长度不到六厘米，即便把它两侧细长的腿拉直，其全身长度也仅仅只有二十厘米出头。它的外形与越前蟹相似，唯独腹部看起来略显臃肿。

此香盒蟹，其实就是雌性雪蟹，它和越前蟹之间唯一的区别就在于它较小的体形，这也是为什么会有人觉得香盒蟹的外形像越前蟹，因为它们就是同一物种。但同样把腿伸直，越前蟹的全身长度可达四十五厘米，还有些个头较大的个体可以长到接近六十厘米。所以对于不知情者来说，他们很难想象体形巨大的越前蟹和只有二十厘米长度的香盒蟹会是同一物种。

不过，虽然在一流料理店里越前蟹更受人欢迎，但就味道而言，反倒是这个体形较小的香盒蟹要好吃不少。只不过由于香盒蟹外表瘦弱，不起眼，所以它的价格极为便宜。而且这个便宜不仅限于货币经济发达的现代社会，自我还小的时候，香盒蟹的价钱就已经非常便宜了。现在回想起来，从小就在北陆农村长大的我，儿时的生活其实非常朴素，像牛肉这样的食物，平时都是买不到的，所以店家每个月进货之后，都会竖起小红旗，推着载有牛肉的小货车满城转悠。

孩子们每个季节都有不同的点心，秋天是红薯，冬天则正是这个香盒蟹。拿到一只被煮得通红的香盒蟹后，我们的习惯是不借助刀具，直接用手掰蟹。首先我们会掰开蟹壳，直接舔食里面的肝胰脏，或者像法式贝壳料理那样浇上蓬软的白汁也很好吃，但这样就多了一份人工的味道，不够天然。

不过香盒蟹的肝胰脏只能算是前菜，香盒蟹背部两侧的卵巢才是它的精华所在。香盒蟹的卵巢红艳中带点橙色，嚼起来柔软而富有弹性，味道独特，别具一格。等香盒蟹成熟到一定程度之后，就会开始产出一粒粒蟹卵，并将这些卵储存在自己的肚脐盖里。如果用虾来打比方，那么这个肚脐盖对应的就是虾弯曲的腹部。香盒蟹卵呈深红色，吃起来有沙沙的颗粒感，具有一种不同于卵巢的独特风味。

吃完蟹卵和卵巢之后，我们就会将还接着蟹腿的蟹壳直接拗成两半，然后嘎吱嘎吱地咬下香盒蟹背部的肉。相较于香盒蟹，雄性雪蟹——越前蟹肉的味道更为细腻，像是另加了酱汁。时至今日，每当我想起螃蟹背上的骨骼薄片嵌进牙缝的感觉时，心头都会涌起一股浓浓的乡愁。

对了，因为现在可以借助铁路运输将金泽的螃蟹送到东京，所以我们再也不用为在东京吃不到香盒蟹而发愁了。

我也许已经有十年没有尝过香盒蟹的味道了，不，可能比这更久。那段时间里，我吃过红薯藤，还被人强迫吃了美国料理。事到如今，香盒蟹的味道早已被我遗留在了遥远的过去，所以我时而会产生一股焦虑，担心自己再尝一次香盒蟹就会发现它其实并没有记忆中那么美味。但等我真正再次吃到香盒蟹之后，这个焦虑就被彻底打消了，它还是和以前一样美味。看来香盒蟹的味道和我的味觉都没有变，这着实让我松了一口气。所以这两三年来，每年冬天我都翘首盼望着从妻子的家乡金泽送来的香盒蟹。不过到目前为止，上述内容都是我的个人见解，没有任何客观性。

但最近一两年的经验告诉我，香盒蟹的美味是具有客观性的，而非我一己之见。虽然我和妻子都认为这香盒蟹是无与伦比的美味，但我们两人都是在加贺长大的乡下人，所以所谓的“无与伦比”，也有可能是我们出于无知而得出的自以为是的结论。然而，最近我们发现这并非“自以为是”，因此在精神上受到了很大的鼓舞。

事情的来龙去脉非常简单，我那些在东京吃遍了山珍海味的挚友，如小林勇、池岛信平等人，虽然厌倦了东京的美食，却对我们的香盒蟹赞赏有加，所以我才有信心写出这篇文章。

小林先生和池岛先生都对这香盒蟹情有独钟。只要我打个电话通知他们“香盒蟹到了”，不管最近应酬有多么繁忙，他们都会排除万难，亲自上门品尝。不过，吃东西这事本来也不能请人代劳，毕竟人还没有心有灵犀到味觉相通的地步。

听说两三天前，池岛先生还为这香盒蟹催促过我的妻子。他央求道：“夫人，螃蟹还没到吗？只要能吃到那螃蟹，一只一千日元我都愿意付。”虽然不知道香盒蟹现在的价钱是多少，不过在我还小的时候，买一只香盒蟹只需要花五钱。就算按照现在的物价，再考虑到渔夫的整体收入，要是一只香盒蟹能卖到二十日元，那他们也不会像现在这样贫穷了。

尽管香盒蟹的市价可能不到二十日元，但依然有人愿意出一千日元的高价买它。当然了，如果一只真卖一千日元，那么池岛先生也买不起，不过这句话至少表现出了他对香盒蟹的痴迷。

自从这件事情发生之后，妻子对香盒蟹的食欲似乎下降了许多。对此，她解释道：“看到有人为了吃蟹如此心切，我便渐渐舍不得吃了。”

虽说她以前便是一个母爱泛滥之人，可没想到即便到了这个岁数还是会说出这种话，女人这根深蒂固的母爱真是令人敬畏。

稻

浅草美食——久保田万太郎

更加不幸的是，

从一开始，

浅草就没有一个地方能让我们聚在一起，

静静地享用美食。

料理店有：草津亭、“一直”割烹、松岛、日本桥“大增”、冈田炭烧鸡、新玉和宇治茶之乡。

鸡肉店有：大金鸡肉店、竹松鸡肉店、须贺野、御牧和金田。

鳗鱼料理店有：奴鳗、驹形前川鳗鱼料理专门店和伊豆荣割烹鳗鱼料理店。

天妇罗料理店有：中清天妇罗、天勇天妇罗、天妇罗天芳、大黑家天妇罗和天忠天妇罗饭店。

牛肉料理店有：米久本店、松喜家、狆屋寿喜烧、常盘食堂、浅草今半和平野。

寿司店有：美佐乃、弁天山美家古寿司、寿司清、金寿司和吉野寿司本店。

荞麦面馆有：奥山万盛庵、池之端万盛庵、万事屋、山吹站食荞麦、薮荞麦。

豆沙年糕汤店有：松邑、秋茂登和梅园。

西洋料理店有：佳楼、银座老圣保罗咖啡馆、比惠良轩、杂居屋、共游轩和太平洋料理店。

中华料理店有：来来轩。

另外，贝类料理店有牡蛎饭和野田屋；既有美食，也提供小酒的店铺有三角、丸吉和松茸屋“鱼松”。

上述店铺中，草津亭、“一直”割烹、松岛、日本桥“大增”、新玉和竹松鸡肉店、须贺野、御牧等店是为了观赏艺伎，或与艺伎玩乐而存在的，除了参加宴会之外，我们和这些店铺基本上没有什么交集。

过去被并称为“五大茶屋”的店铺中，草津亭、“一直”割烹和松岛如上文所述，已沦为花柳之地，“万梅”则已在四十五年前停业。时至今日，仅剩下大金鸡肉店还保留着浅草以往的淡雅和宁静。

从和室的设计到接客方式——店中女佣们个个身披结城绸[1]，楚楚谡谡，叫人赏心悦目。从肉丸、芝麻醋、煎鸡皮、油炸豆腐到夏天的冷鸡肉，以及日常的固定菜单，也都包含着一种略微粗糙、不徒弄巧致的趣味——我们这些生活在浅草的人能充满自信、昂首挺胸地向外人介绍的东西，也只有这大金鸡肉店和金田了。

“金田”虽与“大金”同为鸡肉店，但这里除了火锅之外并无其他料理。上一代店主与河竹默阿弥[2]有很深的交情，所以他经营的店铺也是布局有致，干净整洁，女佣们

1◎结城绸：一种主要产自茨城县和栃木县的高级绢织物，从奈良时代延续至今，不仅是日本的重要无形文化遗产，还于2010年被联合国教科文组织评定为世界无形文化遗产。

2◎河竹默阿弥：活跃于江户时代末期及明治初期的歌舞伎狂言作者，原名吉村芳三郎。

的年龄也都在十四五岁到十七八岁之间，始终系着束衣带，个个待客热情，聪明伶俐，心灵手巧，叫我们很是舒坦。而且和人形町的“玉秀”、大根河岸的“银座初音”以及池之端的“鸟荣”一样，“金田”提供的鸡肉也都是上等的优质鸡肉。

可惜的是，有传言说既已功成名就的店主将在不久之后关店歇业。若传闻属实，那么我们又将痛失浅草的一大名物，而我们能做的，也只有日夜祈祷，求那传闻不要成为现实。

前川鳗鱼料理专门店仍然同我儿时的记忆一般，是一家沉稳老到的古风鳗鱼料理店，不过最近他们的气魄却大不如前了。现在，比起“前川”，世人更加钟爱于田原町的“奴鳗”。“前川”有一位名叫“阿久”的有名的女佣，早在几年前就已年过六旬，听说最近她时不时连老顾客的脸都认不出来。这位总是将自己小小的发髻系得端端正正，勒紧束衣带，工作时举止端庄而略显缺乏干劲的老女佣，似乎也正象征着这前川鳗鱼料理专门店今后的凄凉命运。

和“前川”相比，“奴鳗”现在仍有一些不入流的地方，但在另一方面这也体现出了它的生意兴旺和朝气蓬勃。店铺的正面是混坐式的大厅，但你只要从后门进店，就会发现这里从玄关、单间和室到与你做伴的艺伎都应有尽有。

“伊豆荣”开在吾妻桥的时候，叫作“伊豆熊”，时至今日，依然有人偶尔会以“伊豆熊”来称呼它，可见过去这个招牌有多响亮。不过它不像“奴鳗”般花红柳绿，而是一家极为普通的混坐式鳗鱼料理店。

小时候，在现在建起川崎银行的地方，曾开着一家兼杀鱼与烤鱼为一体的小型鳗鱼摊。那店主看起来四十岁左右，身体肥胖得像个相扑选手，与他共同经营小摊的，有他的两个正值妙龄的女儿和一个十三四岁的淘气男孩。摊子外边还有一位看起来十分顽固的光头老人，被孩子们称为爷爷。不过后来没过多久，他们就放弃了鳗鱼，转而将摊子移动到大路上，开始在每天晚上做起了天妇罗的生意。因为店主既要用上好的食材，又想开出高价，于是时隔不久他们又将店面移动到了传法院旁的花街柳巷，而这间被开在花街柳巷的天妇罗料理店，正是后来浅草著名的中清天妇罗。

“中清”的优点仅在于味道好，而在礼仪与体面上则没有一丝讲究——肮脏的和室、劣质的餐具和怠惰愚钝的女佣——无论我们对它有多大的偏袒都无法在这一点上做出让步。

天勇天妇罗是存在于仲见世商店街后街的老店之一。除了天妇罗以外，“天勇”还会提供其他料理，在这里，人们既无须拘谨，也不会感到厌烦，和“天芳”一样，它的受众主要是浅草居民和乡下人，是一间具有代表性的平民料理店。

直到两三年前，“大黑家”还是一家荞麦面馆。在那个时候，“大黑家”就已经靠天妇罗打响了招牌，不知从何时起，这家店已从原来的荞麦面馆变成了现在的天妇罗店，而店铺的装饰则还保持着原来的样子。现在，每当我经过“大黑家”时，都能看到店前挂着“本店客满”的牌子，生意甚是兴隆。——我认为，这大概是因为“大黑家”原有的荞麦面馆门帘更加亲民，不会给人造成太大的心理负担吧。

不过，最近在电影院边上也新开了两三家类似“大黑家”的店铺，看上去是它的模仿者。

“天忠”是一家风格独特的店铺，开在象潟町的一个距离公园很远的地方，店铺的招牌是向岛的其角堂——最近改号为老鼠堂的穗积永机[3]宗匠——所心仪的“喜加久”天妇罗。同时，这家店在落语家、吉原游郭的助兴艺人，以及好与这些落语家和助兴艺人交朋友的客人们之间评价也很高。

说来惭愧，我并没有对牛肉料理店评头论足的资格。——不过，单从客人角度来讲，开在田野边上，且每天清晨开店最早的“平野”对于那些刚干完田活准备回来吃早饭的客人来说无疑是最为宝贵的存在。

“美佐乃”只能算是主打寿司的小料理店，同时店中还能招入艺伎，将它归类为“寿司店”可能有些讽刺。

3◎穗积永机：江户末期至明治时期的俳人，号其角堂，别号老鼠堂。

如果我们暂且不提已于三四年前歇业的鱼鹰寿司之豪奢，那么在那些起源于无数路边摊，且以加大分量为信条的寿司店中，寿司清、金寿司和吉野寿司无疑是最具代表性的三家寿司店。而且其中的寿司清则正是由以前在路边摊得名的“银座初音”的寿司匠人所经营的店铺。

相较于上述寿司店，美家古寿司显得略为俗气，据说过去是一家以鲭鱼的模压寿司而闻名的店铺。

奥山万盛庵的荞麦面和薮荞麦属于同一系统，不过，池之端的万盛庵与其说是荞麦面馆，不如说是一家以荞麦面为招牌的小料理店。“山吹”也是一样，比起荞麦面，更像是一家主打乌冬面的小料理店。

说起“松邑”，现在的松邑也并非我们以前所熟知的松邑，以前的松邑在公园后面的道路修改后就不再营业了，现在的松邑只不过是因为山谷茶叶店老板舍不得“松邑”这个招牌，一半出于爱好而开的店铺罢了。

相较于“梅园”，“秋茂登”在花街柳巷占据一席之地，拥有更多的本地顾客。但换句话说，比起“秋茂登”，“梅园”的客人们要更加纯良朴实。顺带一提，“秋茂登”的店主和我还是同一所小学的校友。

“佳楼”因其店内美女云集而闻名，“杂居屋”的前身是“一品料理屋”，但如今它早已没有了“一品料理屋”时代的兴隆。

“共游轩”建在公园背后，同时兼业台球馆——只能说它不愧是“草津亭”和“一直”的邻居，也有很浓的游荡色彩。

至于开在浅仓屋小巷的“太平洋”，不过是一家稍有异色的一品料理屋罢了。

总而言之，自从失去了并木的芳梅亭之后，这片土地上再也没有像样的西洋料理店了。

更加不幸的是，从一开始，浅草就没有一个地方能让我们聚在一起，静静地享用美食。

萱草

但只要能在家中吃到如此朴素而美味的饭菜，我们就会为此感到庆幸，并再次意识到有饭可吃对于人类而言是多么重要的一件事。

图书在版编目（CIP）数据

最本真的最美味 /（日）芥川龙之介等著；钟小源译. --长沙：湖南文艺出版社，2022.4
（日本美蕴精作选）
ISBN 978-7-5726-0243-6

Ⅰ. ①最… Ⅱ. ①芥… ②钟… Ⅲ. ①饮食—文化—日本—通俗读物 Ⅳ. ①TS971.203.13-49

中国版本图书馆CIP数据核字（2021）第125253号

最本真的最美味

ZUI BENZHEN DE ZUI MEIWEI

作　　者： 芥川龙之介　北大路鲁山人　柳田国男 等
译　　者： 钟小源
出 版 人： 曾赛丰
责任编辑： 徐小芳
封面设计： 八牛·设计 34508448@QQ.com 8NEW DESIGN STUDIO
内文排版： Moo Design
出版发行： 湖南文艺出版社
（长沙市雨花区东二环一段508号 邮编：410014）
印　　刷： 长沙超峰印刷有限公司
开　　本： 880 mm × 1230 mm　1/32
印　　张： 9
字　　数： 165千字
版　　次： 2022年4月第1版
印　　次： 2022年4月第1次印刷
书　　号： ISBN 978-7-5726-0243-6
定　　价： 49.80元
（如有印装质量问题，请直接与本社出版科联系调换）